별을 향해 떠나는
여행자를 위한 안내서

인류를

태양계 밖으로

데려다줄

우주과학의

모든 것

별을 향해 떠나는
여행자를 위한
안내서

레스 존슨 지음 ㅣ 이강환 옮김

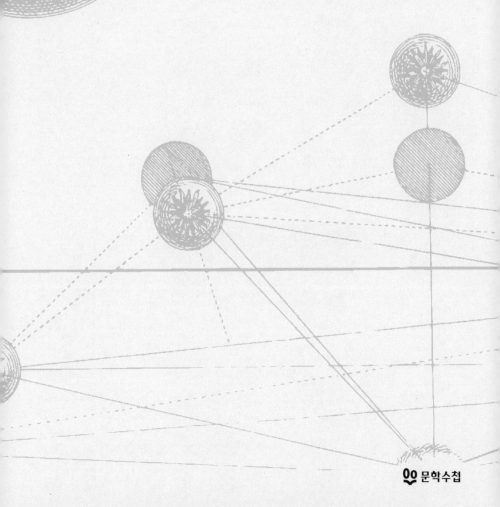

문학수첩

그레고리 매틀로프 박사, 아티스트 C 뱅스,

고 로버트 포워드 박사에게

엄청난 고마움을 전하며.

일러두기

- 이 책은 2022년에 출간된 Les Johnson의 *Travelers Guide to the Stars*를 번역한 것이다.
- 인명, 과학 용어 등의 표기는 국립국어원 외래어표기법을 따랐다.
- 저자가 원문에서 이탤릭으로 표기한 문장은 볼드체로 표기했다.
- 본문의 각주(*, **, …)와 미주(1, 2, …)는 모두 저자가 단 것이며, 역주는 본문에 '—옮긴이'로 표시했다.

CONTENTS

인생은 여정이고, 때로는 책도 마찬가지다. 이 책의 여정은 1999년 NASA의 성간 추진 연구 프로젝트Interstellar Propulsion Project의 책임을 맡아달라는 요청을 받고 성간 여행을 주제로 쓰인 대부분의 기술 서적을 탐독하면서 시작되었다. 나는 이 일에 이미 어느 정도 준비가 되어있었다. 나는 물리학자이기 때문에, 40여 년 동안 과학자들이 이 주제를 진지하게 연구하면서 제안한 다양한 추진 기술의 기초가 되는 수학을 이해하고 풀 수 있다고 믿었다. 중학교부터 대학원까지 매주 한 권 이상의 SF 책(소설 또는 선집)을 읽으며 자랐기 때문에 나는 틀에서 벗어난 사고를 할 정신적인 준비가 되어있었다. 적어도 그렇게 생각했다.

성간 추진 기술 연구 프로젝트는 약 2년 동안 자금을 지원받았고, 이후 NASA는 이 자금을 다른 용도로 사용하기로 결정했지만, 나는 아직 일을 변경할 준비가 되어있지 않았다. 연구 기간 동안 태양빛, 레이저, 마이크로파 돛에서 핵분열, 핵융합, 반물질에 이르는 다양한 기술 실험을 관리하면서 나는 별에 가는 것이 실제로 가능하다고 믿게 되었다. 우리는 필요한 시스템을 설계하고 만드는 방법을 아직 모를 수 있지만, 이 책에서 설명하는 시스템과 기술들이 현실화하지 못할 근본적인 과학적 이유는 없다. 프로젝트가 종료되면서 NASA에서 성간 여행 기술을 연구하는 나의 일은 끝났지만, 나의 개인적인 작업은 끝나지 않았다.

나는 NASA 업무 외에 가까운 친구들과 함께 미래의 성간 여행을 발전시키는 것을 목적으로 하는 비영리 교육 단체인 테네시 밸리 성간 워크숍Tennessee Valley Interstellar Workshop, TVIW을 설립했다. TVIW는 우리가 상상했던 것보다 훨씬 더 큰 성공을 거두어, 현재 7개의 심포지엄을 후원하고, 우리와 같은 관심사를 가진 능력 있는 대학생들에게 수천 달러의 장학금을 지급했으며, 저명한 과학 저널에 여러 편의 독창적인 연구 논문을 게재하는 데 참여했다. TVIW는 성간 연구 그룹IRG으로 변모했고, 자세한 내용은 웹사이트(www.irg.space)에서 확인할 수 있다.

이것이 나의 여정인데, 이 책의 여정은 어떨까? 이 책은 언젠가 우리 인간이 다른 별을 도는 행성에 후손들을 보내게 될 거라는 나의 열정적인 믿음에서 비롯되었고, 지구의 생명체를 우주의 다른 곳으로 데려가는 첫걸음이 될 것이다. 이는 내가 기여하고 싶은 목표이며 지난 몇 년 동안 내 개인적인 삶의 상당 부분을 차지했다.

내 에이전트와 나는 10년 전에 이 책의 초안을 여러 출판사에 제안했지만 별다른 관심을 받지 못했다. 그때는 외계행성 발견이 헤드라인을 장식하기 전이었고, 스페이스엑스Space X와 블루오리진Blue

Origin이 우주에 대한 접근을 혁신적으로 바꾸기 전이었으며, 100년 우주선100 Year Starship이나 브레이크스루 이니셔티브Breakthrough Initiatives 와 같은 단체가 등장해 과학을 잘 아는 대중의 의식을 바꾸기 전이었다. 그래서 나는 《뉴욕타임스》 베스트셀러 작가인 잭 맥데빗과 함께) 인기 과학 논픽션 에세이와 오리지널 SF 소설을 섞어《성간 여행 떠나기: 지금 우주선을 만들자! Going Interstellar: Build Starship Now!》라는 선집을 공동 편집했고, 이 책은 SF 전문 출판사인 Baen Books에서 출간되었다. 이 선집은 성공을 거뒀고 결국 성간 여행을 주제로 한 또 다른 SF/과학 사실 선집인《스텔라리스: 별의 사람들Stellaris: People of the Stars》의 출판으로 이어졌다. 이 책은 내가 로버트 햄슨과 공동 편집했고, 역시 Baen Books에서 출판되었다.

나는 편한 마음으로 에이전트도 모르게 이 책에 대한 제안서를 작성해 프린스턴 대학 출판부에 보냈는데, 놀랍게도 금방 관심을 보여주었다. 그래서 프린스턴의 담당자인 제시카 야오와 여러 차례 전화로 논의한 끝에 이 책을 여러분 앞에 내놓게 되었다.

《별을 향해 떠나는 여행자를 위한 안내서》는 과학자와 공학자뿐만 아니라 누구나 쉽게 읽고, 접근하고, 이해할 수 있도록 준비되었다. 이 주제에 대한 기술적인 책들은 이미 충분히 나와있기 때문에 그런 책을 쓸 필요는 없었다. 이 책은 책에서 논의한 여정을 실제로 가능하게 만들 사람들, 즉 자금을 지원받을 수 있도록 애쓰고, 여정이 시작되면 직접 참여하지는 않더라도 누군가를 대신으로라도 참여하게 할 사람들을 위한 것이다. 사회가 지지해 주지 않는다면 우리는 별에 도달할 수 없다. 우리 중 누구도.

여정은 이제 시작에 불과하다. 그리고 대기업에서 유행하는, 지루하고 뻔한 경영 워크숍 하나 덕분에 내 인생의 비전이 된 것을 여러분께 말씀드리고 싶다. 정확히 언제였는지는 기억나지 않는데, 어떤 워크숍에서 자기 직업에서의 목표를 한 문장으로 표현해 보라고 한 적이 있다. 나의 목표는 간단했고, 그 이후로 여러 번 인용하고 있다. "미래의 외계행성 정착민들이 새로운 세계를 탐험하고 정착하게 된 과정을 설명하는 역사책을 쓸 때, 기술에 대한 나의 연구가 참고 자료로 인용되기를 바란다."

이 책은 그 참고 자료가 되기 위한 여정의 또 다른 단계다. 독자들이 이 책을 즐기고 그 과정에서 무언가 배우는 게 있기를 바란다.

독자들에게 측정 단위에 대해서 말해두겠다. 이 책에서는 미터법과 영국식(현재는 사실상 미국에서만 사용하는) 단위를 혼용할 것이다. 왜? 내가 NASA에서 '일상 업무'를 수행할 때는 그램과 킬로그램, 미터와 밀리미터 등의 단위로 생각하기 때문이다. 하지만 집에 있을 때는 인치, 파운드, 마일 단위로 생각하고 일한다. 특정 상황에서 내가 선택한 단위가 자의적으로 보일 수도 있지만, 내가 사용하는 단위는 내가 세상을 생각하는 방식을 반영하는 것이고, 미국의 많은 독자들도 그럴 거라고 본다.(한국은 미터 단위를 사용하기 때문에 모든 단위를 미터 단위로 수정했다. 미국인들도 이제는 미터 단위를 사용해야 한다. ─옮긴이)

- **AU**Astronomical Unit: 천문단위

- **ASTP**Advanced Space Transportation Program: 첨단 우주 운송 프로그램

- **bps**bits per second: 초당 비트

- **c**: 빛의 속도

- **CERN**Conseil Européen pour la Recherche Nucléaire: 유럽입자물리연구소

- **CRISPR**clustered regularly interspaced short palindromic repeats: 규칙적인 간격을 갖고 나타나는 짧은 회문 구조의 반복 서열

- **DSN**Deep Space Network: 심우주 네트워크

- **E**: 에너지

- **F**: 힘

- **g**: 그램

- **gbps**billion bits per second: 초당 10억 비트

- **GCR**Galactic Cosmic Rays: 은하 우주선

- **GPS**Global Positioning System: 위성 항법 시스템

- **IRG**Interstellar Research Group: 성간 연구 그룹

- **ISM**interstellar medium: 성간물질

- **I$_{sp}$**: 비추력

- **JPL**Jet Propulsion Laboratory: 제트추진연구소

- **kg**: 킬로그램

- **kt**: 킬로톤

- **km**: 킬로미터

- **LEO**low Earth orbit: 지구 저궤도

- **m**: 미터

- **mbps**million bits per second: 초당 100만 비트

- **MSFC**Marshall Space Flight Center: 마셜우주비행센터

- **NASA**National Aeronautics and Space Administration: 미 항공우주국

- **NEA**near-earth asteroid: 근지구 소행성

- **r**: 태양에서의 거리

- **RPS**Radioisotope Power System: 방사성동위원소 동력 시스템

- **RTG**Radioisotope Thermoelectric Generators: 방사성동위원소 열전 발전기

- **SETI**search for extraterrestrial intelligence: 외계 지적생명체 탐색

- **SHP**solar and heliospheric physics: 태양 및 태양권 물리학

인류는 태초부터 별을 바라보며 큰 질문들을 던져왔다. "나는 누구
인가?" "나는 왜 여기에 있는가?" "저 밖에 무엇이, 혹은 누가 있을
까?" 우리는 우주 탐사를 계속해 왔고 별을 향한 첫걸음을 내딛을
준비를 하고 있기 때문에 이런 질문 중 일부에 대한 답을 얻을 수
있는 날도 머지않았다. 별은 밤하늘에서 아름답게 빛나는 점 그 이
상이다. 멀리, 더 멀리에는 새로운 세계가 숨어있다. 1990년대 초
반까지만 해도 우주에 우리가 (과학적으로) 알고 있는 행성은 태양
주위를 도는 행성들뿐이었다는 사실이 믿기 어려울 정도다. 알려
진 외계행성의 목록이 점점 늘어나고, 그중 일부는 그들이 속한 별
의 거주 가능 지역에 있는 것으로 보이면서 언젠가 우리가 어떻게
그곳을 탐사하기 위한 여행을 할 수 있을지 많은 사람들이 궁금해
하기 시작했다. 초기 우주 시대의 낙관적인 전망에도 불구하고 이
목표를 향한 우리의 진전은 많은 사람들이 기대했던 것보다 더디

게 진행되었다. 단지 노력이 부족했기 때문이 아니다. 도전 과제가 만만치 않기 때문이다.

가장 가까운 별인 프록시마 센타우리Proxima Centauri는 약 4.2광년LY 떨어져 있다. 약 초속 300,000km로 이동하는 빛이 그곳에 도달하는 데 4년 넘게 걸린다. 대부분의 사람들에게 이것은 의미 없는 값이다. 빛의 속도를 제대로 감 잡을 수 있는 사람이 우리 중 얼마나 될까? 그 어려움을 설명해 보기 위해 훨씬 더 가까운 거리와 그 거리를 가는 데 직면하는 어려움을 생각해 보겠다. 1977년에 발사된 보이저Voyager 우주선은 지구에서 발사된 우주선 중 가장 멀리 간 사절단이다. 보이저 1호는 이 글을 쓰는 현재 태양에서 지구까지의 거리인 약 1억5,000만km의 156배인 156AU(천문단위) 거리에 있고, 그곳까지 도달하는 데 무려 44년이 넘게 걸렸다. 보이저호의 위치에 대한 최신 정보는 NASA 웹사이트(https://voyager.jpl.nasa.gov/mission/status/)에서 확인할 수 있다. 보이저호가 **가장 가까운** 별인 프록시마 센타우리 방향으로 가고 있다면 그곳에 도달하는 데 약 7만 년이 걸릴 것이다. 실현 가능한 성간 여행이 되려면 임무 기간이 수천 년이 아니라 수년 단위가 되어야 한다.

추진력만이 문제가 아니다. 우주선이 그렇게 먼 거리에서 어떻게 통신을 할 수 있을까? 그 어떤 별에서도 멀리 떨어져 있는 우주선이 별과 별 사이의 어둠을 통과하는 여정에서 어떻게 동력을 얻을 수 있을까? 여행 시간을 단축하는 데 필요한 속도로 이동하면 성간 먼지와의 충돌로 인해 우주선이 손상될 위험이 높아진다. 빛의 속도에 가깝게 이동할 때 잠재된 치명적인 사건이다.

다행히 자연은 새로운 물리학을 도입하지 않고도 빠른 성간 여행을 가능하게 해주는 것처럼 보인다. 핵융합, 반물질, 레이저 광선 에너지에 기반한 추진 기술은 모두 물리적으로 가능한 것으로 보인다. 하지만 거기에 필요한 공학 기술은 현재 인류의 능력을 훨씬 뛰어넘는다.

이 궁극적인 항해를 시작하려면 먼저 우리 인류가 우리 태양계의 여러 곳에 거주해야 한다. 성간 여행에는 새로운 기술, 과거의 실수를 반복하지 않도록 해주는 탐사와 관련한 새로운 윤리 체계, 그리고 유럽의 굉장한 대성당 건설을 연상시키는, 미래를 보는 마음가짐이 필요하다. 오늘 시작한 프로젝트가 앞으로 여러 세대에 걸쳐서도 완성되지 않을 수 있다는 생각 말이다.

그리고 그 이유에 대한 질문이 있어야 한다. 왜 우리는 별을 향해 여행해야 할까? 그보다, 도대체 왜 우리는 우주를 탐험해야 할까? 우주 시대의 첫 50여 년 동안, 이제 우리는 지구 근처와 지구 궤도에서 우주를 탐험하고 개발해야 하는 설득력 있고 거의 보편적으로 받아들여지는 이유를 갖게 되었다. 기상학자들은 기상위성을 통해 며칠에서 몇 주 후의 기상예보를 상당히 정확하게 제공할 수 있다. 그리고 허리케인과 사이클론의 경로를 예측해 우리에게 도움을 주고 생명을 구한다. 통신위성은 세계를 하나로 연결하여 전 세계에서 일어나는 일을 실시간으로 파악할 수 있게 해준다. 통신위성은 텔레비전 채널과 일부 휴대폰 대화를 중계해 주며, 대규모 통신위성군은 전 세계 어디에서나 광대역 인터넷을 이용할 수 있게 해준다. 정찰위성은 각국이 서로의 군사 활동을 감시하며 기습 공격의 가능성을 대부분 제거함으로써 평화를 유지하게 해준다. 핵무기로 무장한 세계에서 전략적 안전의 중요한 부분이다. GPS 위성은 우리가 새로운 장소로 이동할 수 있게 해주며, 상호 의존성이 높은 세계와 글로벌 경제의 기능을 유지하는 데 필수적이다. 지구 근처의 우주는 이제 우리의 일상과 복지에 없어서는 안 될 존재가 되었다.

수많은 우주 개발 지지자들은 지구와 달 사이의 공간 개발이 논리적인 다음 단계라고 믿고 있다. NASA와 여러 국가들이 향후 몇 년 내에 달에 사람을 보낼 계획을 세우고 있기 때문에, 지구 궤도에서와 마찬가지로 달에서도 새로운 상품과 서비스가 등장할 것이라고 기대한다. 이 주장은 다음으로는 태양계로, 궁극적으로는 별들로 확장된다.

과학자로서 나는 우리의 왜소한 태양계 너머의 우주를 탐사하는 데에는 경제성이나 가시적인 수익과는 무관한 타당한 이유가 있다고 믿는다. 우주에 무엇이 있는지, 우주가 어떻게 작동하는지에 대해 더 많이 알아내는 것. 우리가 21세기 생활을 영위하는 데 사용하는 **모든** 공학은 이전 시대의 과학자들이 비슷한 근본적인 질문을 던진 데서 비롯되었다. 그 질문은 당시에는 경제적인 보상이나 응용이 분명했을 수도, 그렇지 않았을 수도 있다. 인류의 지식을 넓힌다는 것은 다른 어떤 이유와 마찬가지로 타당한 이유다.

이러한 견해에는 반대하는 의견도 있으며, 우리 인간이 우주와 별로 확장하는 것을 생각할 때 발생하는 몇 가지 까다로운 윤리적 질문도 있다(이 중 많은 부분을 제3장 '성간 여행을 맥락에 맞추기'에서 다루고 있다).

성간 여행은 가능하다. 그저 지극히 어려울 뿐이다. 우리에겐 이 도전을 받아들일 의향이 있을까?

✳

제1장

우리를 기다리는
우주

우주는 광대하다. 당신은 우주가 얼마나 엄청나고,
거대하고, 놀랍도록 광대한지 믿지 못할 것이다.
그러니까, 화학자의 집까지 가는 길이 멀다고 생각할 수도 있겠지만,
우주에 비하면 아무것도 아니다.

—더글러스 애덤스, 《은하수를 여행하는 히치하이커를 위한 안내서》

1990년대 초까지만 해도 다른 별의 주위를 도는 행성이 있다고 확신한 사람은, 텔레비전에서 커크, 피카드, 제인웨이, 시스코 선장 등이 매주 낯설고 새로운 세계를 방문하거나, 루크 스카이워커와 레아 공주가 멀고 먼 은하계의 질서를 회복하는 모습을 보며 감격하는 SF 팬들뿐이었다. 그렇다, 그 정도는 아니었지만 나도 그리 다르지 않았다. 그때까지 천문학자들은 다른 별 주위를 도는 행성이 있다고 제법 확신했지만 행성이 존재한다는 직접적인 증거는 없었다. 우리은하를 비롯해 우주를 가득 채우고 있는 은하의 수많은 별 중에서 우리 태양계가 유일하지 않다는 가정만 있었을 뿐이었다.*

최초의 외계행성은 펄서 주위를 도는 극도로 열악한 장소에서

---

* 이탈리아의 철학자 조르다노 브루노는 태양이 수많은 별들 중 하나에 불과하며 다른 별 주위에도 행성이 있다고 주장했다. 이것과, 그리고 또 다른 과학적인 주장들이 이단으로 몰려 그는 로마에서 산 채로 화형을 당했다.

발견되었다. 펄서는 빠르게 회전하는 중성자별로 전파, 감마선, 엑스선 등의 복사를 초당 약 1,000번의 속도로 규칙적으로 방출한다. 펄서의 방출 속도는 규칙적이고 예측이 가능하기 때문에 우주에서 길을 찾는 방법으로도 고려되고 있다(제7장 '성간 우주선 설계하기' 참조). 펄서 방출의 미세한 변화가 궤도를 도는 행성에 의해 생긴 불규칙 때문인 것으로 관측되었고, 짜잔, 이는 외계행성에 대한 최초의 (간접적인) 증거가 되었다.[1] 광학 관측자들은 비슷한 일을 하기 위해 필요한 정확도를 따라잡았고, 얼마 지나지 않아 천문학자들은 행성이 별에 섭동을 일으켜 만들어지는 도플러 이동을 통해 대부분 태양과 같은 별 주변의 외계행성을 발견하기 시작했다.* 기본적으로, 별의 중력이 별 주위를 돌도록 행성을 잡아당기는 것처럼 행성의 질량도 별을 잡아당긴다. 질량 차이를 감안하면 행성이 별을 당기는 중력은 그 반대에 비해 매우 작지만 0은 아니다. 그래서 행성이 별의 주위를 돌 때 행성이 별을 잡아당겨 별이 행성 쪽으로 약간 이동함으로써 흔들림이 생긴다. 별은 지속적으로 빛을 방출하기 때문에 그 흔들림은 빛의 파장에서 작은 도플러 이동으로 관측될 수 있다. 이것을 관측하면 행성 질량의 하한선만을 알 수 있지만, 이는 (목성 질량) 행성이 충분히 많다는 사실의 중요한 단서가 되었다.

---

* 관측자로부터 멀어지는 물체에서 방출되거나 반사되는 빛은 물체의 움직임 때문에 약간 더 긴 파장으로 늘어난다. 관측자를 향해 움직이는 물체에서 방출되거나 반사되는 빛은 이와 유사하게 더 짧은 파장으로 압축된다. 늘어나거나 압축되는 양은 물체의 속도에 따라 달라진다. 이것을 도플러 이동이라고 하며, 경찰이 사용하는 레이더 건이 당신이 과속을 하는지 빠르게 알아내는 데 사용되는 원리이기도 하다.

2000년경에 천문학자들은 식현상을 이용하는 방법으로 외계행성을 찾기 시작했다. 이 방법이 어떤 것인지 이해하는 가장 좋은 방법은 일식을 생각해 보는 것이다. 달이 시선방향을 따라 지구와 태양 사이를 지나가면 달은 지구에 우리가 볼 수 있는 그림자를 만든다. 이제 명왕성 궤도 밖에서 태양계를 바라볼 때 8개의 행성 중 하나가 시야를 가로지르면서 태양 앞으로 지나간다고 상상해 보자. 민감한 기기를 사용하면 행성이 기기와 태양 사이를 통과하면서 일부 빛을 차단해 태양의 빛이 약간 어두워지는 걸 볼 수 있을 것이다. 지구의 몇 년 정도로 충분히 오랜 시간 동안 같은 위치를 보면, 이론적으로 같은 행성이 태양 주위를 여러 번 돌면서 정기적으로 어두워지게 하는 것을 반복해서 볼 수 있다. 방향을 바꾸어 훨씬 더 민감한 장비를 사용해 태양이 아닌 다른 별을 본다면, 시선방향에서 주위를 도는 행성으로 인해 그 별이 어두워지는 것을 볼 수 있을 것이다. 이것이 식현상을 이용하는 방법이다. 물론 별까지의 거리 및 행성과 별의 크기를 고려하면 희미한 빛을 보는 데 필요한 장비는 매우 민감해야 하며, 필요한 자료 처리 소프트웨어도 복잡하다. 나는 어두운 밤에 자동차 헤드라이트(별) 앞에서 날아다니는 모기(행성)의 크기를 알아내려고 하는 것과 같다는 비유를 좋아한다.

지금은 외계행성을 찾고 특성을 파악하는 데 사용되는 다양한 방법이 있으며, 오직 외계행성을 찾는 목적으로 여러 대의 우주망원경이 우주로 날아가기도 했다. 그 결과 NASA의 외계행성 탐사 웹사이트에 따르면 현재 확인된 외계행성은 4,000개가 넘고, 추가

로 5,000개 이상의 잠재적 외계행성이 독립적인 확인을 기다리고 있다.[2]

이제 이야기는 더욱 흥미로워진다. 이 외계행성들 중에는 지구와 크기가 비슷하고 그들이 속한 별의 거주 가능 지역에서 궤도를 도는 것들이 몇 개 있다. 이는 행성의 크기가 지구와 비슷할 뿐만 아니라(해왕성처럼 더 큰 행성도, 화성처럼 더 작은 행성도 있다), 우리가 알고 있는 생명체에 필수적인 액체 상태의 물과 화학물질이 존재하기에 너무 덥지도 춥지도 않은 별 주변 지역에 있다는 것을 의미한다. 과학자들은 약 60개의 그러한 잠재적 거주 가능 행성을 확인했다.[3] 그것도 지구에서 가장 가까운 별들 사이에서만 찾을 수 있었고, 우리은하에만 약 1,000억 개의 별이 있다는 점을 감안하고 이 통계를 사용하면, 현재 다른 별 주변의 거주 가능 지역에 있는 지구와 비슷한 크기의 행성 수에 대한 최선의 추정치는… 대략… 110억에서 400억 개 사이가 된다.[4]

와우. 엄청나게 많은 부동산이 발견되고, 지도로 만들어지고, 탐험되기를 기다리고 있다. 얼마나 빨리 가볼 수 있을까?

이 질문에 대한 답은 특정 날짜나 날짜 범위를 지정할 수 있는 차원이 아니다. 적어도 아직은 아니다. 이 질문에 답하려면 먼저 외계행성이 얼마나 멀리 떨어져 있는지, 우리와 외계행성 사이에 무엇이 더 있는지 이해해야 한다. 먼저 우주의 광활함과 무한에 대한 개념에 대해 생각해 보자.

무한을 느껴보고 싶다면 구름 한 점 없는 밤에 밖으로 나가 별을 바라보라. 휴대폰, 전자책 리더기 같은 모든 기기를 내려놓고 밝

은 불빛이 없는 곳을 찾아 눈이 어둠에 적응할 수 있도록 해야 한
다(도시에 사는 분들에게는 쉽지 않은 일이지만, 그것이 변명이 될 수는
없다). 그곳에 도착하면 하늘을 올려다보며 빛나는 점을 가능한 한
많이 찾아보라. 보이는 빛 중 일부는 태양빛을 반사하고 있는 화
성이나 목성과 같은 태양계의 행성일 것이다. 다른 빛들은 태양처
럼 스스로 빛을 발하는 별 또는 별들의 집단일 것이다. 조용히 서
서 혹은 앉아서 눈에 보이는 빛에 대해 생각해 보라. 눈에 닿는 광
자라고 하는 빛의 입자는 수백, 수천, 혹은 수백만 년이라는 긴 시
간 동안 우주를 여행해 왔으며, **당신의** 눈에 닿는 순간 깊은 우주
를 지나온 여정을 끝낸다.

진공상태의 우주에서 빛은 약 **초속** 300,000km로 이동한다. 화
창한 날, 우리 주변을 비추는 빛은 태양을 떠난 순간부터 피부에
닿아 당신의 피부를 태우기 시작할 때까지 초속 300,000km의 속
도로 약 8분 동안 우주를 여행한다. 8분이다. 당신은 지금 밖에서
밤하늘을 바라보고 있으니, 태양계에서 가장 큰 행성인 목성에서
반사되는 빛을 생각해 보자. 목성은 (적도를 가로질러 지구 11개를 일
렬로 세울 수 있을 정도로) 매우 커서 많은 빛을 반사하기 때문에 일
반적으로 밤하늘에서 가장 밝은 천체 중 하나다. 목성이 가장 가까
이 있을 때는 지구에서 5억9,000만km가 조금 넘는 거리에 있으며,
당신이 보는 목성에서 반사된 빛은 태양에서 목성까지 약 41분, 목
성에서 눈까지 약 33분, 총 약 74분이 걸린 것이다! 가장 먼 행성
인 해왕성은 너무 멀어서 해왕성에서 반사된 빛이 당신의 눈에 닿
는 데 약 4시간이 걸린다. 별과 비교하면 행성까지의 거리는 아주

가깝다.

대도시에 살고 있다면 맑은 밤에도 눈에 보이는 건 그것뿐일 수 있다. 가로등, 자동차, 주변 아파트와 주택에서 새어 나오는 빛이 공기의 습기와 결합하여, 어두운 하늘을 가진 시골 사람들이 보는 것을 거의 볼 수 없을 것이다. 문명의 불빛에서 벗어나면 보통 하늘에서 약 2,000개의 별을 볼 수 있다. 가장 가까운 별들 중에는 남반구에 사는 사람들이 쉽게 볼 수 있는 알파 센타우리 A와 B가 있다. 이들이 방출하는 빛은 4년 이상 우주를 여행한 끝에 지구에 도달하여 당신의 눈에 닿는다. 4년이다! 그런데 이 별들은 우리와 상대적으로 가까이 있는 것들이다. 이 엄청난 거리를 쉽게 다루기 위해 천문학자들은 빛이 1년에 이동하는 거리를 광년이라고 부른다. 이 단위로 보면 알파 센타우리 A와 B는 4.35광년 떨어져 있다.

만약 우리가 맨눈으로만 별을 본다면 알파 센타우리 A와 B보다 몇 배 더 먼 거리에 있는 천체들은 볼 수 있겠지만, 우리가 살고 있는 우주라는 더 큰 그림(훨씬 더 큰 그림)은 놓치게 될 것이다. 초기 망원경을 통해 사람들은 행성에서 반사된 빛을 보고 행성이 지구처럼 크고 둥근 물체이며 태양 주위를 훨씬 더 먼 거리에서 돌고 있다는 사실을 알 수 있었다. 또한 망원경은 사람들이 맨눈으로 볼 수 있는 것보다 훨씬 더 많은 별을 볼 수 있게 해주었으며, 흐릿한 나선형 물체를 포함해 샤를 메시에가 정성스럽고도 체계적으로 분류한, 일반적으로 '성운'이라고 불린 천체들도 볼 수 있게 해주었다(현재는 메시에 천체Messier Object로 알려져 있다).[5] 에드윈 허블이 등장하기 전까지 천문학자들은 우리가 지금은 은하로 알고 있는 것을 이러한 '성운'으로 간주했다. 우리은하 내에서 폭발한 별들도 '성운'이었다. 사실, 초기 망원경의 한계로 인해 먼지나 기체의 흐릿한 구름처럼 보이는 것은 무엇이든 '성운'으로 분류되었다. 성운은 어디에나 있었고, 다양한 종류를 구분하는 방법도 별로 없었다.

1920년대 초 허블은 윌슨산 천문대의 2.5m 반사망원경을 사용해 안드로메다 성운을 그때까지 가장 높은 해상도의 사진으로 촬영했고 그것이 사실은 우리은하와 같은, 매우 멀리 떨어져 있는 수많은 별들의 집단이라는 사실을 발견했다.[6] 몇 년 후 그는 이 새로운 은하가 우리은하 안에 있는 가장 먼 별보다 적어도 10배는 더 멀리 떨어져 있을 거라고 계산했다. 망원경이 개선되면서 더 많은 성운이 사실은 먼 은하로 밝혀졌다. 지구 궤도 500km 상공에서 우주를 비행하는 에드윈 허블의 이름을 딴 망원경을 포함한 현대 망원경 덕분에 우리는 이제 우주에 수천억 개의 은하가 있고 각 은하에는 수천억 개의 별이 있다는 것을 알게 되었으며, 지상과 우주에 있는 망원경 덕분에 그중 많은 은하를 '볼' 수 있게 되었다.

이제 우리는 수천억 개의 별이 모여있는 집단인 우리은하의 크기가 약 10만 광년이라는 사실을 알게 되었다. 그러니까, 우리은하의 한쪽 끝에서 다른 쪽 끝까지 빛이 이동하는 데 약 10만 년이 걸린다는 말이다. 우리은하와 가장 가까운 은하 중 하나인 안드로메다은하는 약 250만 광년 떨어져 있다. 도시의 불빛에서 멀리 떨어진 곳에서 맑고 건조한 밤에 별을 바라본다면, 당신이 볼 수 있는 작은 '별' 중 하나는 전혀 별이 아니라 안드로메다은하다. 영원을 느낀다는 마음을 갖고 당신의 눈에 닿는(당신에게 닿는) 안드로메다은하의 빛이 200만 년 이상 우주를 여행했다고 생각해 보라. 이 은하를 보는 순간, 사실상 무한을 느끼고 있는 것이다.

알파 센타우리 A와 B가 가장 가까운 별이고 안드로메다은하가 가장 가까운 은하 중 하나라면, 가장 먼 은하는 어떨까? 우리 눈이 약 2,000개의 별만 볼 수 있고 초기 망원경 대부분이 행성과 조금 더 많은 별만 볼 수 있었던 것과 마찬가지로, 현재의 망원경도 현재의 기술력에 의한 한계를 가진다. 2015년 허블 우주망원경으로 관측된 EGS8p7은 132억 광년으로 지금까지 관측된 은하 중 가장 먼 은하다.[7] (2022년 발사된 제임스 웹 우주망원경으로 더 멀리 있는 은하들이 계속 관측되고 있다. ─옮긴이)

나와 비슷한 사람이라면, 아마 (일부 천문학자를 제외하면) 대부분이 그렇겠지만, 이러한 거리의 차이는 그다지 의미가 없으며 일상적인 경험에서 완전히 벗어난 것이다. 안드로메다은하는 말할 것도 없고, 알파 센타우리 A, B까지의 거리와 태양까지의 거리(8광분)와 해왕성까지의 거리(4광시)의 차이를 어떻게 감을 잡을 수 있을까? 재미로 한번 해보자.

먼저 우리 기준의 자를 만들어 보자. 천문학자들이 개발한 단위인 천문단위(AU)로 시작할 텐데, 태양에서 지구까지의 거리인 1억 5,000만km가 1AU이다. 이 눈금을 사용하면 지구는 태양으로부터 1AU 떨어져 있다. 일반적인 교실에 들어갈 수 있는 태양계 축소 모형을 만들어 이를 시각화해 보자. 1AU를 약 30cm로 간주하고 이 거리를 사용하여 태양계와 그 너머에 대한 상상의 모형을 만들 수 있다. 지구는 태양으로부터 1AU, 즉 30cm 떨어져 있으므로 이 척도로 보면 화성은 태양에서 15cm(1/2AU), 해왕성은 900cm(30AU) 떨어져 있다. 우리는 정기적으로 화성에 로켓을 발사하고 있으며, 지구에서 화성까지의 거리인 15cm를 가는 데 약 7개월이 걸린다. 보이저는 해왕성에 도달하는 데 약 12년이 걸렸다. 이 규모에서 가장 가까운 별(알파 센타우리 A, B)은 약 82km 떨어져 있다. 이것이 가장 가까운 별이다! 관련된 거리를 한 장의 이미지로 시각화한 가장 좋은 시도를 그림 1.1에서 볼 수 있다. 태양계의 주요 천체와 보이저 우주선과 센타우리 시스템 별들의 대략적인 위치가 구체적으로 표시되어 있다. 조금 이해하기 어려운 부분은 가로축인데, 방대한 거리를 압축해 그림으로 볼 수 있는 유일한 방법으로, 가로축 눈금 1개의 거리 증가가 이전 눈금보다 10배 더 멀어진다.

이 규모에서 안드로메다은하가 얼마나 멀리 떨어져 있는지 알아내는 일은 여러분에게 맡기겠다…. 결론은, 우주는 크다는 것이다. 정말 크다. **상상할 수 없을 정도로 크다.** 그렇다면 우리는 어떻게 그 거리를 뛰어넘어 다른 별 주위를 도는 행성을 방문하기를 바랄 수 있을까?

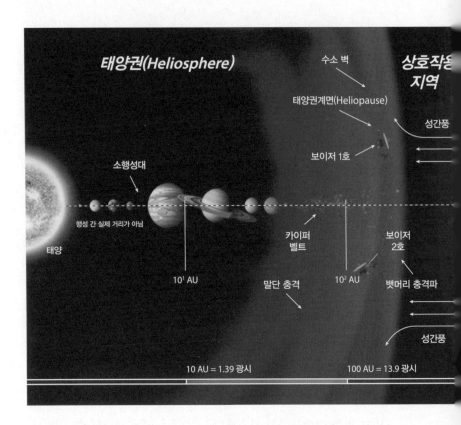

태양권(Heliosphere)

상호작용
지역

수소 벽

태양권계면(Heliopause)

성간풍

보이저 1호

소행성대

태양

행성 간 실제 거리가 아님

카이퍼
벨트

보이저
2호

10^1 AU

말단 충격

10^2 AU

뱃머리 충격파

성간풍

10 AU = 1.39 광시

100 AU = 13.9 광시

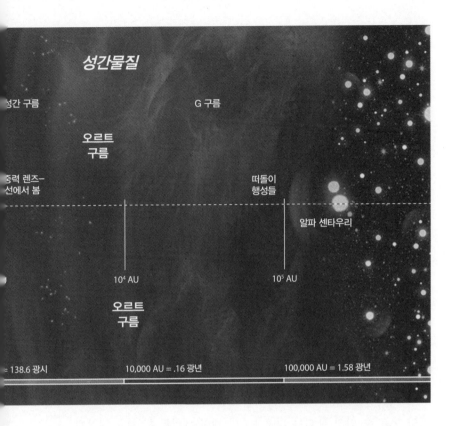

성간물질

성간 구름　　　　　　G 구름

오르트
구름

중력 렌즈-
선에서 봄

떠돌이
행성들

알파 센타우리

10⁴ AU　　　　　　　　　　10⁵ AU

오르트
구름

= 138.6 광시　　　10,000 AU = .16 광년　　　100,000 AU = 1.58 광년

그림 1.1. 성간 거리 척도. 가장 가까운 별까지의 거리는 한 장의 그림에 담기가 매우 어려운데, 고맙게도 켁(Keck) 우주연구소의 직원들이 창의적인 방법으로 이를 구현해 주었다. 왼쪽에서 오른쪽으로 태양에서 다양한 천체까지의 거리가 6개의 동일한 눈금으로 표시되며, 각 천체는 로그 스케일이라는 방식으로 겉으로 보이는 거리를 10배씩 축소시킨다. 그러니까, 두 번째 눈금에 있는 물체는 첫 번째 눈금에 있는 물체보다 10배 더 멀리 떨어져 있다. 세 번째 눈금에 있는 물체는 두 번째 눈금에 있는 물체보다 10배, 첫 번째 눈금에 있는 물체보다 100배 더 멀리 떨어져 있다. 이 10배 배율은 알파 센타우리에 도달할 때까지 계속되며, 마지막 눈금은 첫 번째 눈금보다 최대 100,000배 더 멀리 떨어져 있는 거리를 나타낸다.

다시 한번 말하지만, 그리고 나중에 설명하겠지만, 크게 생각하는 것이다. 성간 여행은 소심한 사람들을 위한 게 아니다. 다른 별 주위를 도는 행성을 방문하기 위해 빈 공간을 가로질러 여행하는 일을 생각할 때는 단순히 거리 이상의 무언가가 있다는 사실을 고려해야 한다. 여러분의 생각과 달리 우주는 단순히 행성 몇 개와 별들이 여기저기 떨어져 있는 진공상태가 아니다. 그곳으로 가는 것을 진지하게 생각하기 전에 우리와 우리가 가고자 하는 곳 사이에 무엇이 놓여있는지 고려해야 한다.

첫째, 우주는 완전히 비어있는 것이 아니라 **거의** 비어있다. 태양은 태양계의 중심에 위치하여 태양계에 생명을 불어넣는 열과 빛의 원천일 뿐만 아니라 8개의 행성, 5개의 알려진 왜소행성(명왕성은 세레스, 하우메아, 마케마케, 에리스와 함께 왜소행성으로 간주된다), 수백 개의 소행성과 혜성이 주위를 도는 중력의 닻 역할을 한다. 태양은 태양계에서 가장 큰 천체로, 지름은 지구 109개 이상을 나란히 놓을 수 있고 부피는 지구 100만 개의 부피를 넘는다. 태양계 질량의 거의 대부분(99.8%)을 태양이 차지하고 있다. 가장 큰 행성인 목성은 겨우 지구 1,300개 정도만 들어갈 수 있는 부피를 갖는다. 나머지 행성 중 어떤 것은 지구보다 크고 어떤 것은 더 작다. 모든 행성, 왜소행성, 소행성, 혜성의 질량을 합치면 태양계 질량의 나머지 0.2%의 전부는 아니더라도 대부분을 차지하게 된다.

성간 우주선이 태양계를 벗어나 다른 항성계로 들어갈 때, 그리고 확률은 낮겠지만 별들 사이의 빈 공간을 지나갈 때 문제를 일으킬 수 있는 것이 바로 1%보다 적은 이것들이다. 태양계가 만들어질 때 남은 것, 그리고 소행성, 혜성, 행성이 충돌할 때(혹은 과거에 충돌했을 때) 만들어진 것이 유성체와 먼지다. 초속 20km 이상으로, 어떤 것은 초속 50km에 달하는 속도로 날아다니는 이 작은 암석과 먼지 조각들은 태양계를 가로지르며 기존 우주선과 앞으로 별을 향해 보낼 우주선에 잠재적인 위험을 초래할 수 있다. 작은 유성체는 무게가 10^{-9}~10^{-2}g이지만 속도가 매우 빠르기 때문에 많은 운동에너지를 가지고 있다. 예를 들어, 모래 한 톨과 같은 무게인 0.011g의 유성체가 초속 20km로 움직이면 운동에너지가 2,200J(줄)이 되는데, 훨씬 더 빠른 속도 때문에 0.22구경 소총 총알의 운동에너지보다 약 13배 더 큰 값이 된다. 총알이나 유성체가 무언가에 부딪힐 때 손상을 입히는 이유는 그 움직이는 에너지(위에서 언급한 운동에너지)가 충돌 지점과 물질을 관통하는 경로를 따라 열로 바뀌기 때문이다.

유성을 본 적이 있는가? 유성은 지구 대기권에 빠른 속도로 진입한 작은 파편 조각이 속도가 느려지고 타면서 대기를 가열하여 운동에너지를 잃고, 그 결과로 빛을 내어 우리가 관측하는 빛의 흔적을 만들어 낸다. 믿기 어렵겠지만, 지구는 떨어지는 먼지와 유성(유성체가 대기권에 진입하면 유성이라고 부른다)으로 인해 매년 20,000~40,000톤씩 무게가 증가한다.[8]

그래도 우리는 여전히 우주가 대부분 텅 비어있다고 생각한다. 지구의 크기에 비하면 우리 인간은 극히 작고, 태양과 목성의 크기에 비하면 지구는 극히 작으며, 여기에 지구가 매년 쌓아 올리는 수많은 먼지와 잔해까지 더하면 태양계가 엄청난 질량으로 가득 차있다고 생각할 수도 있을 것이다. 그렇진 않다. 하지만 태양계는 완전히 비어있지 않고 여기저기서 날아다니는 유성체와 먼지로 가득 차있으며, 때로는 그것들이 지구로 떨어지기도 하고 우주선에 충돌해 다양한 피해를 입히기도 한다. 표면에 미세한 구멍을 내는 것부터 임무를 끝내게 만드는 충돌까지 일어날 수 있다. 별로의 여행을 계획할 때는 자연적인 우주 물체와의 충돌 가능성을 고려해야 한다.

다행히 큰 천체들(행성, 왜소행성, 소행성, 혜성)은 모두 위치가 상당히 잘 알려져 있으며, 태양계의 부피를 고려하면 태양계를 가로질러 특정 속도로 여행할 때 이런 천체와 마주칠 확률은 극히 낮다. 하지만 먼지와 유성체는 그렇지 않다. 먼지와 유성체는 작고 넓게 분포되어 있어도, 우주선에 끊임없이 위험을 초래할 수 있다. 좋은 소식은 우주선이, 아주 큰 우주선이라도 파편에 부딪혀 심각한 손상을 입을 가능성은 아주 적으며, 매리너 4호에서 단 한 번만 발생했다는 것이다.[9] 그러나 이러한 충돌 확률은 이동 거리의 함수라는 점에 유의해야 한다. 그리고 앞에서 언급했듯이 지금까지 우리가 우주선을 보낸 거리는 다른 별에 갈 때 통과해야 할 거리와 비교하면 지극히 작다. 충분한 시간이 주어지면 확률이 낮은 사건도 발생할 수 있으며, 수 광년에 걸친 항해 중에 심각한 무언가에 부딪힐 가능성도 높다.

그리고 우주의 '진공'에 대한 논의는 아직 끝나지 않았다.

중력과 빛 외에도 태양은 초속 약 300~800km의 속도로 태양계 전체에 엄청난 양의 수소와 헬륨을 태양풍이라는 이름으로 퍼붓고

*

있다.[10] 태양풍 복사가 지구 표면에 도달하면 생물권과 그에 속한 생명체에 심각한 피해를 입힐 수 있다. 지구의 자기장은 방패 역할을 함으로써 지구 주변의 물질을 지구 밖으로 흐르도록 방향을 바꾸어 준다. 태양풍의 힘은 지구의 자기장을 변화시켜, 태양을 향하는 쪽은 안쪽으로 압축되고 밤이 되는 쪽은 바깥으로 펴지게 한다. 이렇게 빠르게 움직이는 입자는 전자기기에 손상을 입히고, 특히 태양 폭풍(태양으로부터 방사선 방출이 증가하는 기간, 즉 태양이 지구보다 큰 구름에서 고에너지, 고밀도 방사선을 방출하여 지구와 우주선에 영향을 줄 수 있는 현상) 동안 우주선을 천천히 혹은 빠르게 완전히 망가뜨릴 수 있다. 우주 임무를 계획하는 사람은 우주선의 전자 기기들을 방사선에 견딜 수 있도록 설계하지만, 방사선의 영향을 받지 않도록 만드는 것은 불가능하다. 충분한 시간이 주어지면 태양 방사선에 노출된 우주선 전자 기기는 대부분 고장이 날 것이다.

태양계와 성간 공간은 자기장으로 가득 차 있다. 익히 알려진 물리적 과정을 통해 지구의 용융된 철의 핵이 나침반 바늘이 북쪽을 가리키게 하는 데 사용하는 자기장을 만들어 내는 것처럼, 태양도 우주로 멀리 뻗어나가 태양계와 그 너머의 모든 행성을 둘러싸는 거대한 자기장을 만들어 낸다. 태양 자기장과 태양풍의 상호작용이 결합되어 태양권이 정해지며, 그 가장자리를 태양권계면(태양의 바깥쪽으로 흐르는 복사 압력과 우리은하의 다른 모든 별에서 깊은 우주를 가로질러 들어오는 복사 압력이 균형을 이루는 곳)이라고 한다. 많은 사람들이(전부는 아니다!) 태양권계면이란 태양계와 성간 공간 사이의 경계를 정의하는 것으로 생각한다.[11]

이런 성간 자기장은 성간물질ISM의 또 다른 구성 요소인 은하 우주선Galactic Cosmic Ray, GCR의 발달에 중요한 역할을 한다. 은하 우주선은 우주를 통과하는, 에너지가 높은 하전입자다. 은하 우주선은 은하의 다른 곳에서 별이 폭발해 에너지가 높고 이온화된 원자로 이루어진 거대한 구름을 우주로 내보내고 이것이 성간 자기장에 의해 더 높은 에너지로 가속될 때 만들어졌을 가능성이 가장 높다. 그 수는 많지 않지만 시간이 지나면 전자 기기를 파괴하고 생명체에 해를 끼칠 수 있다(은하 우주선과 이것이 성간 우주선starship에 미치는 영향은 7장에서 자세히 설명할 것이다).

그리고 성간 수소가 있다. 앞에서 설명한 태양권계면은 대부분 수소인 태양복사가 바깥쪽으로 향하는 압력과 은하의 다른 별들에서 나오는 복사가 안쪽으로 향하는 압력이 거의 같아지는 곳이다. 태양계를 둘러싼 성간 공간은 오래전에 다른 별과 천체에서 방출된 수소로 가득 차있다는 말이다. 성간 공간의 평균 수소 원자는 1cm^{3}당 약 1개로 밀도가 낮다.[12] 당신이 아주 빠르게 움직이면 이러한 수소 원자는 태양에서 바깥으로 흘러나오는 고에너지 양성자(수소 원자의 핵이 양성자이다—옮긴이)와 거의 구별할 수 없게 된다. 느리게 움직이는 우주선이 (태양에서 나오는) 빠르게 움직이는 수소 원자에 의해 폭격을 받는 것과, 빠르게 움직이는 우주선이 느리게 움직이는 수소 원자를 뚫고 지나가는 것 사이의 차이는 없다. 이렇게 넓게 퍼진 원자의 구름은 다음 장에서 논의할, 적어도 하나의 첨단 추진 시스템의 실행 가능성에 중요한 역할을 할 수 있다.

이제 저 밖에 무엇이 있는지 더 잘 이해하게 되었으니, 답해야 할 질문이 많아졌다. 그중에는 다음과 같은 것들이 있다.

- 어떤 외계행성을 방문해야 하는지 어떻게 알 수 있을까? 어떤 행성이 지구와 비슷할까?
- 엄청나게 먼 거리라는 것을 알고 있고, 현재의 물리학에 대한 이해와 자연의 작동 방식을 고려한다면, 우리는 어떻게 그곳에 갈 수 있을까?
- 우리는 태양계 내 깊은 우주 환경은 잘 이해하고 있다. 그런데 태양권계면을 넘어 성간 우주로 긴 여정을 시작하면 어떻게 될까?
- 우리는 언제 어떻게 여행을 시작할 수 있을까?

제2장

성간 여행의
선구자들

뛰기 전에 먼저 걸을 줄 알아야 한다.

—미상

이쯤 되면 이렇게 생각할 수 있을 것이다. "좋아요. 그럼 언제 갈 수 있나요? 우리 생애에 시작할 수 있는 임무가 있을까요?" 안타깝게도 우리가 다른 별의 주위를 도는 행성으로 여행을 떠나려면 아직 멀었다. 가장 가까운 별조차도.

인류의 탐험 속도는 '한 번에 한 걸음씩'으로 요약할 수 있으며, 성간 여행에 대해 생각하기 시작할 때도 마찬가지일 것이다. 우리 조상들이 아프리카를 떠날 때는 아마도 걸어서 이동했을 것이다. 그 후 동물, 특히 말이 가축화되면서 탐험의 범위가 극적으로 늘어났다. 고대의 어떤 혁신가가 바퀴를 발명하면서 이동 범위가 다시 한번 늘어났다. 초기 문명 건설에 필수적인 물품과 물자를 운반할 수 있게 되었기 때문이다. 혁신은 계속 이어져 바퀴 달린 수레는 마차, 기차, 그리고 마침내 현대식 자동차로 진화했다. 물에서의 이동도 사람이 헤엄칠 수 있는 범위로 제한되던 것에서 카누, 사람의 노동력(노)으로 추진되는 배, 범선, 그리고 현대 경제 공급망의 일부인 작은 도시 크기만 한 화석 연료 및 원자력 동력 선박으로 전환되었다. 비행으로의 전환은 훨씬 더 빨랐다. 최초의 연은 1만 1,000여 년 전 아시아 어딘가에서 하늘을 날았던 것으로 추정된다. 작은 풍선이 뒤를 이었고, 18세기와 19세기에 사람을 태울 수 있는 대형 풍선이 하늘을 날기 시작했다. 마침내 100여 년 전 최초의 비행기가 날기 시작했고, 얼마 지나지 않아 로켓을 우주로 쏘아 올려 달에 사람을 착륙시켰다. 이런 역사적인 이동의 중요한 단계와 다른 별 주위를 도는 행성에 사람을 보내는 일을 나란히 놓고 비교해 본다면, 달에 사람을 착륙시키는 것은 현재 '카누' 단계에 있다고 나는 믿는다. 하지만 괜찮다. 카누를 타고 강의 물살을 헤쳐나가는 방법을 배우지 않았다면 우리 조상들은 다음 단계의 혁신적인 기술 도약을 이루지 못했을지도 모른다. 내가 왜 우리가 아직 카누 단계에 머물러 있다고 주장하는지를 이해하려면 지금까지의 우주 탐사를 위한 노력과 태양계 경계를 넘어 성간 우주로의 첫 번째 여행을 지금 어떻게 계획하고 있는지 생각해 볼 필요가 있다.

인류가 처음으로 우주에 사람을 보내기 전 미국과 소련은 우주 환경은 어떤지, 우주 환경에서 기계가 어떻게 작동하는지, 그리고 우주 환경이 생명체에 어떤 영향을 미치는지에 대해 더 많이 알아내기 위해 무인 로켓을 여러 차례 보냈다.

인간은 인간이기 때문에 지구 위 어디서부터 우주가 시작되는지에 대한 보편적인 합의가 없다(놀랐는가?). 이 질문을 받으면 대부분의 사람들은 아마도 지구 대기가 끝나는 곳에서 우주가 시작된다고 직관적으로 느낄 것이다. 널리 사용되는 정의는 해발 100km 상공의 카르만 라인Karman Line에서 우주가 시작된다는 것이다. 이는 멋지고, 적당하고, 미터법 단위로 딱 떨어지며, 완전히 임의적인 숫자에 가깝다. NASA는 다른 정의를 사용하여 80km 이상의 고도에 도달한 사람을 우주비행사로 간주한다. 정말로 대기가 끝나는 곳에서 우주가 시작된다고 여긴다면, 상층 대기 밀도가 낮과 밤, 그리고 계절에 따라 다르기 때문에 약 600km까지 계속 변하는 값을 갖게 될 것이다. 우리는 곧 수십 조 혹은 수백 조 킬로미터 여행에 대해 이야기할 것이기 때문에 이 수치는 하나같이 별 차이가 없다. 터무니없이 작은 것이다.

첫 수백 킬로미터를 가로지르는 일은 20세기 중반 현대 로켓이 개발되기 전까지 이룰 수 없는 도전이었다. 그리고 뉴스를 계속 보고 있다면 알겠지만 시간이 한참 지난 지금까지도 여전히 넘기 어려운 경계다. 우주의 목적지에 도달하려는 로켓이 어떤 이유로든 적어도 한 번 이상 실패하지 않은 해는 거의 없다. 2020년은 로켓 발사가 특히 어려웠던 해로, 버진 오빗Virgin Orbit의 런처원LauncherOne, 중국의 콰이저우Kuaizhou와 롱 마치Long March(장정), 로켓 랩Rocket Lab의 일렉트론Electron, 아리안스페이스Arianspace의 베가Vega 등의 엄청난 실패가 뉴스를 장식했다.[1] 대형 로켓을 처음 개발하고 비행하던 우주 탐사 초기에는 성공만큼이나 실패도 흔했다. 냉전의 경쟁에 힘입어 대부분의 문제는 빠르게 극복되었고, 우주로 탑재체를 보낼 수 있는 훨씬 더 뛰어난 성능의 로켓이 개발되었다.

1957년 소련은 세계 최초의 궤도 위성인 스푸트니크Sputnik를 발사하여 지금은 유명해진 우주 경쟁을 촉발시켰다. 이 경쟁은 두 부분으로 나눌 수 있다. 처음으로 사람을 우주로 보내는 것과 우주인이 달에 성공적으로 착륙하는 것이다. 하지만 이러한 중요한 단계가 있기 전에도 수백 번의 로켓 발사가 있었다. **수백 번이다.** 이 시기에 미국과 소련 모두 사람을 우주로 보내기 위해 노력하고 있었으며 또 다른 '경쟁', 그러니까 군비 경쟁의 일환으로 대륙간탄도미사일^{ICBM}을 개발하고 있었다는 점에 유의해야 한다. 우리는 로켓을 방어용과 평화적인 우주 탐사용으로 구분하고 싶지만, 사실 두 목적에 필요한 기술은 기본적으로 동일하며 최종 목표는 중립적이다. 두 경쟁자는 서로에게서 배웠고, 이런 대결은 수많은 로켓 발사전 단계 비행에 도움이 되었다. 스푸트니크 이전에도 있었던 상당수의 발사는 궤도에 도달하기 위한 것이 아니라, 지구의 한 곳에서 다른 곳으로 탄도 궤적(올라간 것은 반드시 내려와야 한다)을 비행하는 것이었다. 즉 우주선을 궤도에 올려놓기 위한 과정이었다. 탄도 궤적으로 우주에 도달한 최초의 로켓은 1942년 독일 발트해 연안의 섬인 페네뮌데에서 발사되어 고도 190km까지 날아갔다가 다시 내려온 V-2였다.[2]

인간을 우주로 보내기 이전의 임무들 가운데는 지구 궤도를 벗어난 최초의 우주선 발사(1959년, 소련, 루나 1호),[3] 영장류 최초로 우주 비행을 한 원숭이 에이블과 베이커(1959년, 미국),[4] 우주에서 찍은 최초의 지구 사진(1959년, 미국, 익스플로러 6호) 등이 있었다.[5] 마침내 1961년, 소련은 우주비행사 유리 가가린을 태운 보스토크 ^{Vostok} 1호를 발사하여 원일점(궤도에서 가장 높은 지점)이 327km인

지구 궤도에 진입시켰다.[6] 이후 여러 차례의 지구 궤도 비행이 이어졌는데, 그중 상당수는 달에 사람을 보내는 다음 목표를 위한 전초전이었다.

미국에서 가장 유명한 달 이전 시험 비행 시리즈는 제미니Gemini 시리즈였다. 2인승 제미니 우주선은 1961년부터 1966년까지 열 번에 걸쳐 16명의 우주비행사를 태우고 지구 저궤도LEO에 진입해 훗날 아폴로 달 탐사 임무에 사용될 기술을 개발했다. 제미니호의 선행 임무에서 승무원들은 우주에서 최대 2주 동안(달을 왕복하는 시간을 포함하기 위해서) 머무르며 선외 활동EVA을 수행하고 궤도 조정, 랑데부, 도킹 절차를 완수했다. 선행 임무는 계속되어, 아폴로 8호 승무원의 달 궤도 선회와 달에 거의 착륙한 아폴로 10호로 이어졌다. 1969년 달 위를 걸은 닐 암스트롱과 버즈 올드린은 이러한 시험 비행들의 수혜자였다.

성간 탐사에서도 비슷한 접근 방식이 사용될 것이다. 첫 번째 일련의 선행 임무는 이미 수행되었으며, 이것이 바로 현대의 카누다. 이 임무들은 태양계와 행성, 그리고 이곳의 환경을 탐사하고 연구하기 위해 발사된 수많은 로봇들이 수행하는 임무들이다. 여기에 나열하기에는 너무 많지만, 세계 각국은 우주선을 보내 태양계의 모든 행성, 일부 왜소행성, 태양, 그리고 꽤 많은 소행성과 혜성을 근접 비행하거나 궤도를 돌게 하는 데 성공했다. 이러한 놀라운 공학과 과학의 업적은 성간 비행에서는 초기 우주 경쟁에서의 탄도 로켓 발사에 해당된다고 할 수 있다. 이는 성간 우주 탐사를 위한 첫걸음으로 필요하긴 하지만 이것으로 충분하지는 않다. 이러한 임무들 중 미래의 역사가들이 스푸트니크에 필적하는 중요한 단계로 꼽을 수 있는 다섯 가지는 파이오니어^{Pioneer} 10호, 파이오니어 11호, 보이저 1호, 보이저 2호, 뉴 호라이즌스^{New Horizons}이다.

1972년에 발사된 파이오니어 10호는 목성을 근접 비행하며 연구한 최초의 탐사선이다.[7] 이 탐사선이 스푸트니크와 같은 중요한 단계 목록에 있는 이유는 무엇일까? 인간이 만든 물체 중 최초로 태양계 탈출 속도를 달성했기 때문이다. 지구와 마찬가지로 물체가 중력의 근원을 향해 다시 끌려가지 않을 만큼 충분한 속도를 가지면 태양의 중력도 극복할 수 있다. 물체가 지구의 중력을 벗어나려면 초속 11km를 넘어야 한다. 하지만 이 속도는 태양의 중력을 벗어나기에 충분하지 않으며, 금성, 화성 또는 다른 행성에 도달하기 위해 태양계 탈출 속도가 필요하지는 않기 때문에 우주로 발사되는 대부분의 물체는 태양 주위를 도는 궤도에 머물게 된다. 태양 탈출 속도(지구에서 발사할 때*)는 초속 42km이며, 파이오니어 10호가 처음으로 이를 넘어섰다.(지구에서 발사할 때의 탈출 속도가 초속 42km라는 것이지 실제로 파이오니어 10호의 속도가 초속 42km를 넘었다는 말은 아니다. 우주에서의 태양 탈출 속도는 이보다 작고, 파이오니어 10호는 목성의 중력 도움으로 속도를 얻었다.―옮긴이) 1년 후 발사된

---

* 그렇다. 두 물체 사이의 중력은 거리의 제곱($1/r^2$)에 따라 약해지기 때문에 '지구에서 발사할 때'라는 조건을 넣어야 했다. 만약 우리가 화성에 거주한다면, 화성은 지구보다 질량이 작아서 로켓과 탑재체에 가해지는 중력이 적기 때문에 행성 중력 우물 밖으로 로켓을 발사하는 일이 더 쉬울 것이다. 그리고 화성은 지구보다 더 먼 거리에서 태양을 공전하기 때문에 태양계 탈출 속도를 달성하는 것도 더 쉽다. 물론 다른 문제들도 있겠지만(화성의 혹독한 환경에서 생존하는 것과 같은) 이는 다른 책에서 다루어질 수 있는 주제다.

파이오니어 11호는 토성을 근접 비행하며 연구한 최초의 탐사선이 되었다. 이 탐사선 역시 태양계 탈출 속도를 달성했으며 다시는 태양계로 돌아오지 않을 것이다.

지금까지의 선행 성간 비행 중 가장 유명한 보이저 1호와 2호는 1977년에 발사되었는데, 보이저 2호가 보이저 1호보다 며칠 앞서 발사되었다. 보이저 1호의 주요 임무는 성간 우주를 연구하는 게 아니라 거대 기체 행성인 목성과 토성을 근접 비행하는 것이었다. 보이저 2호는 한 걸음 더 나아가 천왕성과 해왕성을 방문해 이 장엄한 행성들의 모습을 처음으로 근접 촬영했다. 보이저가 운반하고 있는 기록물에서 알 수 있듯이 보이저 개발 당시 제작자들은 보이저를 성간 탐사에 사용하는 것을 염두에 두고 있었다. 두 우주선에는 지구와 지구에 있는 다양한 생명체의 사진, 다양한 사람들의 음성 인사말, 모차르트와 척 베리의 작품을 포함한 음악 모음, 다양한 과학 정보, 우주선이 어느 행성에서 왔는지 보여주는 지도가 담긴 금도금 시청각 디스크가 들어있었다.[8] 왜 이런 내용을 포함시켰을까? '저 밖의 누군가'가 이 우주선을 발견하고 제작자에 대해 궁금해할 경우를 대비해서다. 물론 앞에서 설명했듯이 보이저는 수백만 년 동안 다른 항성계와 마주치지 않을 것이다. 조만간 중요한 무언가에 도달하기에는 너무 느리게 이동하고 있으며, 올바른 방향으로 가고 있지도 않다. 보이저 1호가 지구에서 가장 가까운 별인 프록시마 센타우리를 향하고 있다면, 그곳에 도달하는 데 7만 3,000년 이상이 걸릴 것이다. 너무 놀라지 마시라.

더 최근인 2006년에는 NASA가 뉴 호라이즌스 탐사선을 보내 명왕성을 근접 비행하며 얻은 첫 고해상도 사진을 제공해 주었다. 명왕성에 도달하는 데 9년이 걸린 이 탐사선은 태양계 탈출 경로를 따라 아로코스^{Arrokoth}, 혹은 (486958)2014MU69라고 알려진 카이퍼 벨트 천체의 근접 비행을 포함해 바깥쪽을 향한 여정을 계속하고 있다. 이 글을 쓰고 있는 현재 이 탐사선은 여전히 작동 중이며, 방사능 동력 공급 장치가 꺼지기 전에 제한된 궤도 조정 기능 범위 내에 카이퍼 벨트 천체가 있다면 추가적으로 카이퍼 벨트 천체의 모습을 제공해 줄 것이다. 보이저와 마찬가지로 뉴 호라이즌스 탐사선은 수만 년 이상 어떤 항성계와도 마주치지 않을 것이다.

견고한 설계와 우수한 공학 기술 덕분에 보이저와 뉴 호라이즌스는 주 임무 기간 이후에도 계속 작동했고, 태양계 가장 바깥쪽과 가까운 성간 우주를 연구할 수 있는 기회를 제공해 주었다. 보이저 1호는 2012년에 태양권계면(제1장 참조)을 통과해 지구에서 122AU 떨어진 성간 공간에 공식적으로 진입했다. 보이저 2호도 조만간 태양권계면에 도달할 예정이다.(보이저 2호는 2018년에 성간 공간에 진입했다.—옮긴이) 2038년경에는 뉴 호라이즌스가 성간 우주에 합류할 예정이다. 보이저의 작동과 지구와의 통신을 유지하는 원자력 동력은 2020년대 중반에 고갈될 예정이다. 뉴 호라이즌스도 2030년대 후반에 비슷한 운명을 겪게 될 것이다. 기껏해야 200AU 미만의 거리까지 제한된 과학 자료만 지구로 전송할 수 있을 것이다.

파이오니어 10호, 파이오니어 11호, 보이저 1호, 보이저 2호, 뉴 호라이즌스는 모두 스푸트니크와 같은 성간 탐사선이다. 이 중 어떤 것도 성간물질을 연구하거나 미래 성간 여행을 위한 선행 역할을 하도록 특별히 설계되지는 않았지만, 제2차 세계대전 중 처음으로 우주에 도달한 독일의 V-2 로켓과 그 특징을 공유한다.* 어떤 것도 성간물질을 연구하기 위해 설계되지 않았다는 게 중요한 지점이다. 이 임무들은 행성, 왜소행성, 카이퍼 벨트 천체를 연구하기 위해 설계되었다. 이 탐사선의 기기들은 사진을 찍을 수 있는 (그리고 놀라운 사진을 제공해 준) 광학 카메라와, 행성 환경을 연구하기 위해 특별히 제작된 장비들이었다. 가까운 성간 우주에는 사진으로 찍을 만한 큰 물체가 없으며, 그곳의 방사선을 연구하는 데 필요한 도구도 다르다. 다시 말해, 보이저의 기기들을 사용하는 것은 마치 흑백사진 속 증조할머니의 모습을 보는 것과 비슷하다. 그분이 사람이고 어떤 옷을 입고 있으며 대략 어떻게 생겼는지는 알 수 있지만, 입고 있는 옷이 어떤 색인지는 어느 정도 이상 확실하게 알 수 없다. 또 다른 비유로는, 수평선까지 오로지 물만 보이는 흑백사진만을 이용해 물의 특성(산도, 염도, 미네랄 함량, 오염 물질의 정도 등)을 파악하라는 요청을 받는 것과 비슷하다. 과학 팀은 사용 가능한 기기를 이용해 가까운 성간물질의 특성을 파악하기 위해 최선을 다했지만 수많은 중요한 과학적 질문들은 아직 해결되지 않은 채로 남아있다.

---

* V-2의 우주로의 비행은 제2차 세계대전 당시 폭탄을 운반하고 적을 공격하는 데 사용하는 군용 로켓을 개발하기 위한 시험들의 일환이었다. 핵심은 하나의 용도로 설계된 로켓이 다른 용도로 사용되었다는 것이다. 순전히 평화적인 과학 임무를 위한 비행이라는 주장은 이 지점에서 무너진다.

이 탐사선들이 태양계를 떠나면서 수집한 자료는 지구와 지구 근처에 있는 망원경을 비롯한 기기로 성간 우주를 원격 관측한 자료와 결합해 전 세계 과학자들의 관심을 불러일으켰다. 이들은 태양계 너머의 우주를 연구하고 저 밖에 무엇이 있는지 더 잘 이해할 수 있는 새로운 탐사선을 애타게 기다리고 있다.

지금까지의 우주 탐사 노력은 모두 강에 띄워놓고 물살이 우리를 어디로 데려갈지 보는 현대판 카누에 불과하다. 생각해 보라. 로켓은 우주선을 우주로 발사해 지구 중력, 심지어 태양 중력까지 벗어날 수 있는 충분한 속도와 에너지를 제공하지만, 추진력이 멈추면 목적지까지 남은 거리를 관성으로만 가게 된다. 사실 큰 행성을 근접 비행하도록 방향을 잡아 그 행성 질량과의 상호작용을 이용하는 '중력 도움'이라는 방법을 이용해 창의적으로 방향을 바꾸거나 가속을 할 수 있지만, 이는 카누가 강 한가운데 있는 바위를 지나면서 급류를 이용해 조금 더 빨리 가도록 하는 정도에 불과하다. 성간 탐사선이라는 임무를 통해 가까운 성간 우주를 탐사하려는 첫 번째 시도도 마찬가지일 것이다.

약 1,000AU까지 성간물질을 연구하기 위해 특별히 설계된 임무의 아이디어는 새로운 것이 아니다. 과학자들은 우주 시대가 시작된 이래로 이런 탐사선을 발사하기를 바랐다.

보이저 우주선이 태양권계면을 넘어 성간 우주로 진입하기 이전 과학자들은 보이저의 제한된 장비로 발견한 것과는 다른 모양의 태양권을 예측했다(태양권에 대한 논의는 35쪽을 참고하라). 멀리 떨어져 있고 실험이나 측정 자료가 거의 혹은 전혀 없는 복잡한 물리적 상호작용을 연구하려면 복잡한 모형에 의존해야 한다. 이러한 모형이 정확해지려면 예측하려는 바로 그 자료에 의해 검증되거나 확인되어야 한다. 보이저에서 배운 바와 같이, 모형은 때로 틀릴 수도 있다.*

탐사선을 보내는 가장 강력한 이유는 아마도 발견일 것이다. 1958년 익스플로러 1호가 지구 궤도를 돌기 전 과학자들은 현재 밴 앨런 방사선대라고 불리는 지역에 대해 잘 알지 못했다.** 카시니 우주선을 토성 궤도에 보내기 전에는 메토네Methone라는 위성(2004년에 발견)의 존재를 몰랐고, 토성의 극에 육각형 폭풍이 몰아치는 것도 몰랐다.[9] 뉴 호라이즌스를 보내기 전까지 명왕성은 최고의 망원경으로도 거의 식별하기 어려운 왜소행성에 불과했다. 이제 우리는 명왕성이 태양계에서 알려진 빙하 중 가장 큰 하트 모양의 질소 얼음 빙하가 있는 곳이라는 사실을 알게 되었다.[10] 이 사실들은 모두 그곳에 가서 발견한 것이다. 적절한 기기를 갖춘 우주선을 태양계 경계 너머로 보내면 과학자들은 성간물질뿐만 아니라 태양계 자체에 대해서도 더 많은 것을 알게 될 것이다.

성간 우주로 보낸 우주선에서 지구를 돌아보면 가상의 외계인이 은하계 다른 별에서 볼 수 있는 우리 태양계를 보게 될 것이다. 태

---

* 이는 과학에서 매우 중요한 지점이다. 모형은 예측한 만큼만 정확하다. 많은 과학자들이 특정 상황이나 특정 위치에서 자연의 작동을 예측하기 위해 모형을 만들지만, 대부분은 잘못된 것으로 판명된다. 모형이 정확한지 알 수 있는 가장 좋은 방법은 모형을 사용해 예측을 한 다음, 측정하거나 관측하여 예측이 정확한지 확인하는 것이다.

** 익스플로러 1호가 우주로 싣고 간 과학 기기를 만든 사람이 발견했다. 그는 제임스 밴 앨런 박사다.

양이 별들 사이의 기체나 먼지와 어떻게 상호작용하는지, 그리고 다른 별들이 태양과 어떻게 상호작용하는지도 볼 수 있다. 과학자들은 우리의 별을 보고 다른 별의 특징과 비교해 더 큰 은하계에서 우리의 별이 차지하는 위치를 더 잘 이해하게 될 것이다.

성간 탐사선은 비용이 많이 들고, 바로 그 이유 때문에 한 세대 동안은 이런 종류의 유일한 탐사선이 될 가능성이 높다. 납세자들이 비용을 부담하기 때문에, 태양과 태양의 영향을 연구하는 것뿐만 아니라 다양한 분야의 과학적 질문에 답할 수 있는 기기를 탑재해야 한다. 저 밖에는 또 무엇이 있을까? 아주 많다.

뉴 호라이즌스의 주요 임무는 왜소행성 명왕성과 명왕성의 위성인 카론을 연구하는 것이었다. 근접 비행이 끝나면 아직 완전한 기능을 갖추고 있고 추진제가 남아있는 우주선은 다른 곳으로 가서 다른 것을 연구할 수 있다, 그런데 무엇을 연구할까? 이 질문에 답하기 위해서 명왕성이 아홉 번째 행성에서 '왜소행성'으로 강등된 일을 떠올려 보자. 명왕성은 왜 강등되었을까? 과학적으로 가장 설득력 있는 이유는 아니지만, 이유 중 하나는 태양계에는 명왕성과 같은 작은 천체가 수백 개 있을 가능성이 높다는 것이다. 그 대부분은 카이퍼 벨트에 있다.* 뉴 호라이즌스를 만든 과학자들은 명왕성과의 만남 이후에도 다른 왜소행성을 마주칠 수 있다는 것을 알고 있었기 때문에 탐사선을 유연하게 설계하여 가능하다면

---

* 천문학자 제럴드 카이퍼(저명하고 생산적인 천문학자이긴 하지만 발견에 직접적으로 기여하지는 않았다)의 이름을 딴 카이퍼 벨트는 해왕성 궤도 너머의 태양계 지역으로, 수많은 혜성, 소행성, 왜소행성 같은 작은 천체들이 모여있다.

왜소행성 중 하나를 방문하기 위해 약간의 경로 변경을 할 수 있도록 추진제를 충분히 넣어두었다. 탐사선이 발사되었을 때는 다음 목적지가 어디일지 전혀 몰랐다. (지구에서 명왕성까지) 비행하는 데 10년 가까이 걸렸기 때문에 과학 팀에는 최고의 망원경을 사용해 다음 목표물을 찾을 만한 충분한 시간이 있었다. 그리고 실제로 그렇게 했다. 명왕성과 카론을 근접 비행한 후, 뉴 호라이즌스는 2019년 1월에 아로코스를 방문하도록 목표가 다시 설정되었다. 아로코스는 뉴 호라이즌스가 발사되고 8년 후인 2014년에 발견되었다. 카이퍼 벨트에는 연구할 왜소행성이 수백 개 더 있을 것으로 보이기 때문에 성간 탐사선은 태양계를 벗어나는 과정에서 과학연구를 위해 하나 이상의 왜소행성을 지나가도록 궤적을 설정할 가능성이 높다.

이러한 임무를 가능하게 하는 기술이 마침내 한 가지 중요한 방식으로 과학자들의 야망을 따라잡고 있다. 지금까지 탐사선을 설계하고 제작한 과학자들은 살아있는 동안 200AU 이상에 도달하는 탐사선을 발사하는 일이 불가능했을 것이다. 1977년에 발사된 보이저 1호가 2012년에야 태양권계면에 도달했고 현재 위치인 156AU까지 도달하는 데 44년이 걸렸으니,[11] 평균 속도는 약 3.5AU/년이라는 점을 기억하라. 이제 당신이 이러한 임무를 이끌 수 있는 경험과 경력을 갖춘 중견 과학자라고 가정해 보자. 탐사선을 제안하고, 설계하고, 자금을 조달할 수 있는 경험과 전문성을 갖추게 되면 적어도 40대 중반이 될 것이다. 탐사선을 제작하고 테스트를 거쳐 발사 준비를 마치는 데까지 5년이 더 걸리면 50세가 된다. 그리고 발사를 한다. 보이저처럼 연간 3.5AU의 속도로 여행하면 100AU에 도달하는 데 28년이 걸리고(당신은 78세가 된다), 500AU에 도달하는 데 114년이 더 걸려서 192세의 노인이 된다. 운이 좋으면 손자, 그보다는 증손자가 자료를 검토할 수 있을 것이다. 뭐가 문제인지 보일 것이다.

수십 년에서 수백 년에 이르는 임무 기간과 관련된 또 다른 엄청난 어려움이 있다. 탐사선을 어떻게 설계해야 그렇게 오랫동안 기능을 유지할 수 있을까? 보이저는 처음부터 오래 사용하도록 설계된 것이 아니며 뛰어난 공학 기술과 꽤 많은 운이 따랐을 뿐이다. 믿기 어렵겠지만 보이저의 설계 수명은 목성과 토성을 근접 비행하며 연구하기에 충분한 정도인 5년에 불과했다. 1999년경 내가 처음 이 분야에 참여한 이래로 성간 탐사 임무 수행을 가능하게 하는 방법은 상당히 발전해 왔다(그렇다, 나는 우주 사업에 오래 종사해 왔다. 내 사진을 보면 그 사실을 분명히 알 것이다!). 당시 나는 NASA 마셜우주비행센터의 첨단 우주 운송 프로그램Advanced Space Transportation Program, ASTP에서 일했고, 얼마 전 승인된 전기역학 전선electrodynamic tether이라는 새로운 유형의 추진 시스템의 우주 시연을 위한 책임 연구자였다.* 길고 가는 선을 이용해 우주선을 우주에서 이동시키는 것이 '첨단 우주 운송'의 핵심이었으므로, 그 시스템이 선정되었을 때 나는 ASTP에서 일하게 되었다. 내 동료들 대부분은

---

* 이 프로젝트는 추진형 소형 소모품 배치 시스템(Propulsive Small Expendable Deployer System, ProSEDS)으로 불렸으며 2003년에 비행할 예정이었다. 안타깝게도 컬럼비아 참사의 직접적인 결과로 취소되어 비행하지 못했다.

화학 로켓의 개발과 제조를 개선하기 위해 노력하는 진정한 로켓 과학자였다. 나는 그 그룹에서 말 그대로 '특이한 사람'이었다. 제트추진연구소^{JPL}가 전화를 걸어와 패서디나로 와서 팀과 함께 로봇 탐사선을 250AU 이상까지 보낼 수 있는 고급 추진 전문가가 필요하다고 했을 때, 나는 당연히 그 일을 맡았다. (사실 우리 사무실에서는 아무도 가고 싶어 하지 않았다. 경험이 풍부하고 노련한 로켓 과학자들은 화학 로켓의 한계를 잘 알고 있었기 때문에 그런 임무를 수행한다는 생각을 비웃을 뿐이었다. 고맙게도 그들은 그 일을 나에게 넘겨주었다.)

JPL에서 나는 당시에(그리고 지금도) 대부분 한계가 있는 원거리 관측으로가 아니라 현장에서 성간물질을 관측하려는 과학자 팀에 속해있었다. 행성 탐사와 달리 이 정도 거리에서 성간 우주를 촬영해 봤자 그다지 유익한 정보가 되지 못한다. 하지만 (전하를 가진 것과 중성인) 원자의 구성과 에너지, 전자, 전기장과 자기장, 먼지, 그리고 이들 간의 상호작용을 측정하는 것은 태양을 둘러싼 환경이 태양의 영향권 바로 밖에 있는 성간 환경으로 가면서 어떻게 변하는지 이해하려는 과학자들에게 매우 중요한 관심사이다.

이러한 거리에서 깊은 우주에 있는 것을 연구하는 일이 얼마나 어려운지 이해하려면, 그곳의 입자 밀도를 생각해 보라. 1cm^{3}에 원자(어떤 것이든) 1개 이하. 이에 비해 우리가 숨 쉬는 공기에는 1cm^{3}당 약 10^{19}개의 분자가 있다.* 연구 팀이 측정하려는 자기장

---

* 과학적 표기법을 잘 모르는 분들을 위해 설명하면 10^{19}=10,000,000,000,000,000,000이다. 즉 성간 공간의 원자 1개당 10,000,000,000,000,000,000개의 원자가 지구의 공기에 존재한다는 말이다.

의 세기는 6마이크로가우스로 추정된다. 이에 비해 지구의 자기장
은 10만 배 이상 강한 0.6가우스까지 올라갈 수 있다. 다시 말해 과
학자들이 측정하고자 하는 것은 매우 약하고, 아주아주 먼 거리에
있다. 하지만 성간 공간이라는 거대한 부피를 고려하면 이는 중요
하다. 행성 간 입자 밀도와 자기장 세기는 지구보다 훨씬 작고 약
하지만 성간 공간보다는 훨씬 더 크고 강하기 때문에 현재로서는
태양계 내부에 있는 것들을 통해 태양계 바깥에 무엇이 있는지 알
아보는 것으로 제한되어 있다. 쉬운 일이 아니다. 분명한 것은, 필
요한 측정을 하려면 반드시 그곳에 가야 한다는 것이다.

긍정적인 소식은 NASA가 현재 바로 이것을 고려하고 있으며,
향후 20년 이내에 임무를 가능하게 하기 위해 '사용 가능한(혹은 곧
사용 가능할) 발사체, 발사 단계, 운영 개념 및 신뢰성 표준을 포함
하는 현실적인 임무 설계에 대한 교환 연구'를 수행하는 존스 홉킨
스 응용 물리학 연구소APL가 이끄는 팀을 구성했다는 것이다.[12] 이
를 위해 APL 팀은 약 200명의 과학자와 공학자가 이 임무를 실현
할 유망한 접근 방식을 찾고 있다.

가야 할 거리와 그 거리를 가는 데 걸리는 시간을 줄여야 한다
는 사실에 기반하고, 탐사선이 목적지에 도달했을 때 탐사선을 발
사한 과학자들이 아직 살아있어야 하며, 가급적 빨리 성간 탐사선
을 발사한다는 분명한 목표에 따라, APL 팀은 현재 가능한 것들 중
에서 사용할 수 있는 추진과 동력 선택지의 목록을 줄이고 있다.
그들의 목표는? 15~20AU/년이라는 태양계 탈출 속도에 도달하는
것이다. 보이저가 3.5AU/년의 속도로 이동하고 있다는 점을 기억

하라. 이것은 큰 차이다. **엄청난** 차이다.

몇 년에 걸쳐 다양한 우주에서 가능한 추진 기술이 고려되어 왔으며, 5장과 6장에서 설명하는 것처럼 모두 장단점이 있다. 이 임무가 연구된 대부분의 기간 동안 전기추진, 태양 돛 또는 자기 돛과 같은 SF적인 이름을 가진 새로운 저추력 추진 시스템 하나가 필요한 속도를 제공해 줄 거라는 가정이 있었다. 이러한 첨단 기술들 중 어느 것도 조만간 임무를 수행할 수 있을 만큼 빠르게 발전하지 않았고, 과학계는 인내심을 잃었다. 다른 방법이 있어야 한다.

성간 탐사선을 추진하기 위한 앞선 접근 방식은 NASA의 새로운 괴물 로켓인 우주 발사 시스템Space Launch System, SLS을 사용하는 것이다. 열 차폐막 뒤에 전통적인 고체 추진 로켓 2개를 붙인 탐사선을 발사해 탐사선/로켓 조합이 태양 반경의 5배인 약 350만km 이내로 태양에 아주 가깝게 지나갈 수 있도록 하는 것이다. 수성의 태양 공전 궤도가 약 5,800만km이다. 이는 지금까지 어떤 우주선보다 태양 가까이 가는 것이다. 근일점이라고 불리는 가장 가까운 지점에서 고체 로켓이 점화하여 탐사선의 궤적에서 최적의 시점에 속도를 높여서 15AU/년의 속도로 가속하면 원하는 속도에 가깝게 태양계 밖으로 나갈 수 있다.[13] 태양 근접 접근은 오베르트 기동Oberth Maneuver이라고 하는데, 이것의 실현 가능성을 (수학적으로) 처음 증명한 헤르만 오베르트의 이름을 딴 것이다.* 행성 간 임무를

---

* 내가 얼마나 우주에 미쳐있는지 보여줄 수 있는 예로, 나는 최근에 독일 포이트에 있는 오베르트 박물관을 방문하기 위해 독일로 휴가를 계획했다. 꼭 가보시길 강력히 추천한다.

정기적으로 수행하는 사람들은 이 접근 방식이, 공학자들이 깊은 우주에서 우주선을 가속하기 위해 정기적으로 사용하는 표준적인 행성 근접 비행 기동을 변형한 것이라는 사실을 알아차릴 수 있을 것이다. 보이저 우주선은 이 방법을 여러 번 사용하여 현재 속도에 도달했다.

거대한 태양을 이용하면 속도를 크게 높일 수 있다. 이는 1990년 대에 내가 처음 성간 탐사선 임무에 참여했을 때 고려했던 것과는 철학적으로 다른 접근 방식이다. 당시에는 필요한 속도를 달성하기 위해 새로운 추진 기술이 필요하다고 여겨졌다. 정말로 큰 발사체의 출현과 강력한 힘으로 어떤 일까지 할 수 있을지에 대해서는 고려하지 않았다.

안타깝게도 이 접근 방식에는 큰 문제가 있다.* 기술적으로 막다른 길이다. 세계에서 가장 큰 로켓을 사용하고 태양에 최대한 가깝게 통과하면서 로켓으로 가속하면 성간 탐사선이 목표 속도에 도달할 수 있다. 그런데 그걸로 끝이다. 물리학과 공학 지식에 따르면 이것이 화학 로켓으로 달성할 수 있는 성능의 한계다. 더 이상 나아질(빨라질) 수 없다. **결국 이것은 카누일 뿐이다.** 이 접근 방식으로 성간 탐사선을 발사할 수는 있지만, 추진력 측면에서 볼 때 더욱 빠른 태양계 탈출 속도를 필요로 하는 미래의 더 야심 찬 임무를 수행하는 데 사용하기에는 기술적으

---

* SLS를 사용하려는 계획에는 실제로 여러 가지 문제가 있다. 우선 (이 글을 쓰는 시점에서) 아직 비행하지 않은 새 로켓인데, 과연 작동할까?(SLS는 2022년 아르테미스 임무의 일환으로 성공적으로 발사되었다―옮긴이) SLS를 여전히 임무에 사용할 수 있을까? 그리고 비용은 적절할까?

로 아무 소용이 없다.

　이러한 야심차고 묵직한 우주 임무를 논의하기 전에, 지구 근처를 벗어나지 않는 우주 망원경을 사용해 원격으로 수많은 선행 과학 연구와 정찰을 수행할 수 있다는 점을 언급할 필요가 있다. 우리는 눈으로 가까운 별을 볼 수 있다. 망원경으로는 더 멀리 있는 별을 볼 수 있고, 우주 망원경을 사용하면 더 멀리 있는 별을 볼 수 있다. 우리는 이런 가까운 별의 주위를 도는 행성을 분해하는 광학 능력을 갖춘 대형 우주 망원경을 만들 수 있다. 하지만 문제가 있다. 행성이 주위를 돌고 있는 별은 행성에서 반사되는 빛보다 훨씬 더 밝고, 이 둘은 우리가 있는 거리에서 볼 때 상대적으로 너무 가까워서 별빛 때문에 행성을 볼 수가 없다(1장에서 설명한 자동차 헤드라이트 빛 앞에 있는 모기를 보는 문제를 생각해 보라). 이제 식현상으로 별빛이 어두워짐으로써 외계행성의 존재를 알아내는 이야기를 생각해 보자. 식이 일어나게 하는 물리학을 이용해 외계행성을 구별하고 사진을 찍는 데 사용할 수 있다면 어떨까?

　개기일식을 경험해 본 적이 있다면 절대 잊지 못할 것이다. 달이 태양 바로 앞을 지나가면서 햇빛을 완전히 차단하면 낮이 밤이 되고, 귀뚜라미 울음소리가 들리기 시작하면서 공기가 급격히 차가워지고, 태양을 가린 달 표면에서 뻗어 나온 긴 줄무늬 같은 태양 코로나가 갑자기 나타난다. 태양빛에 가려 보이지 않던 것이었다. 우주 망원경으로 멀리 있는 별의 빛을 가리는 인공 식을 일으켜 희미한 행성을 볼 수는 없을까? 1962년에 처음 제안된[14] '가림 원반

occulting dish'을 이용해 인공 식을 일으키자는 아이디어는 MIT 외계 행성 과학자 웹스터 캐시와 세라 시거 같은 천문학자들의 노력 덕분에 새로운 생명을 얻게 되었다. 시거와 그의 팀은 NASA의 지원을 받아, 별도의 우주선에 탑재되어 별의 빛을 가릴 수 있는 별빛 가리개를 망원경과 대상 항성계 사이에 배치하는 우주 망원경의 타당성을 연구했다. 그와 다른 연구자들은 이 접근 방식이 효과가 있다고 결론 내렸으며, 차세대 우주 망원경이 자체 별빛 가리개를 가지고 우주로 갈 가능성을 열어두었다.

별빛 가리개를 사용하지 않고 외계행성의 사진을 찍으려는 선행 임무에 대한 제안도 있다. 바로 태양 중력렌즈Solar Gravity Lens, SGL다.

태양 중력렌즈 임무의 중요성을 이해하려면 우리가 가장 좋아하는 물리학자 앨버트 아인슈타인과 그의 또 다른 상대성이론인 일반상대성이론GR에 대해 논의해야 한다. 특수상대성이론에서 아인슈타인은 어떤 시점에서 봐도 일정한 빛의 속도가, 빛의 속도c에 가깝게 가속되는 관성계에서의 시간의 흐름에 어떤 영향을 미치는지 설명했다. 간단하게 말하면, 당신이 빠르게 움직일수록 그 속도로 함께 움직이지 않는 관찰자에 비해 시간이 느리게 흐른다. 일반상대성이론은 공간에서의 움직임과 시간의 흐름 사이의 연관성을 또 다른 차원으로 연결시킨다. 질량의 효과와 시간 및 공간 그 자체의 본질을 포함시키는 것이다. 아인슈타인은 시간과 공간이 분리될 수 없으며 하나의 시공간으로 설명하는 것이 더 낫다는 가정을 세웠고, 지금까지 고안된 모든 관측과 실험에서 그 가정이 옳다는 것이 입증되었다. 공간은 시간 없이 존재할 수 없으며, 공간이 존재하기 '전'에 시간이 존재할 수도 없다.*

우주가 어떻게 작동하는지에 대한 가정을 세우고 나면, 그 안에서 질량 혹은 물질이 어떤 역할을 하는지 생각해 볼 수 있다. 일상생활에서 우리는 빛이 광원에서부터 감지되는 곳까지 공간을 가로질러 똑바로 이동하는 것을 관찰한다. 중력이 없는 경우에는 시공간에서도 마찬가지다. 하지만 물질이 포함되면 시공간은 휘어진다. 물체의 질량이 클수록 시공간은 더 많이 휘어진다. 내가 가장 좋아하는 시각화 방법은 매트리스를 생각하는 것이다. 매트리스의 표면이 질량이 존재하지 않는 보통의 시공간이라면, 그러니까 평평하고 직선인 경우라면, 빛은 매트리스의 한쪽에서 다른 쪽까지 직선으로 이동한다. 그런데 그 위에 볼링공을 올려놓으면 매트리스의 표면이 움푹 파인다. 이 경우에 빛은 매트리스의 반대편에 도달하기 위해 볼링공을 중심으로 휘어진 경로를 따르며, 빛이 공에 가까워질수록 곡률은 더 커진다.그림 2.1. 마찬가지로 시공간이 휘어져 있으면, 시공간을 따라 이동하는 빛은 시공간의 제약을 받으므로, 볼링공 근처에서 시공간을 이동하는 빛은 매트리스 표면을 따라가고 결과적으로 그 경로가 휘어지게 된다.

그런데 이것이 실제로 의미하는 건 무엇일까? 그래서 뭐 어쨌다고?

이 질문에 답하기 위해 다시 일상생활로 돌아가서 이 글을 읽고

---

* 이것이 과학자들이 빅뱅 이전에 무엇이 존재했는지에 대해 이야기할 수 없는 이유다. 시간과 공간 둘 다 빅뱅으로 만들어졌기 때문에 빅뱅 '이전'은 존재할 수 없다. 시간이 아직 존재하지 않았기 때문이다!

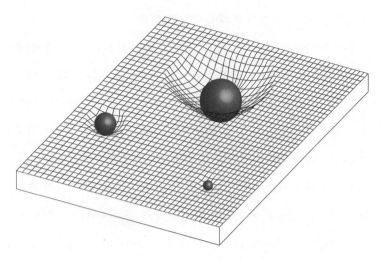

그림 2.1. 시공간의 휘어짐. 시공간은 질량을 가진 물체 근처에서 휘어지며, 물체의 질량이 클수록 곡률도 커진다. 예를 들어, 태양은 지구보다 시공간을 훨씬 더 많이 휘어지게 한다.

있는 많은 분들이 착용하고 있거나 언젠가 착용해 보았을 안경이나 콘택트렌즈 같은 광학렌즈에 대해 이야기해 보겠다. 렌즈는 빛을 굴절, 즉 휘어지게 함으로써 렌즈를 통과하는 광선이 실제 광선이 시작된 지점에서 더 가깝거나 더 먼 지점에서 오는 것처럼 보이게 하여, 렌즈를 통해 보이는 물체가 실제보다 크거나 작게 보이도록 한다. 볼록렌즈는 빛을 휘어지게 해서 초점을 만든다. 시공간에서 매트리스의 비유를 떠올리면, 질량이 큰 물체는 볼록렌즈처럼 빛을 휘어지게 해서(완전히 다른 물리적 과정을 거치긴 하지만) 비슷한 결과를 낼 수 있다. 그러니까 멀리 있는 물체를 확대하여 초점에 맞출 수 있다.* 천문학자들은 이른바 아인슈타인 크로스 혹은 아인슈타인 고리를 관측할 때 일반상대성이론의 이러한 측면을 자주 관측한다. 아주 멀리 있는 물체가 더 가까이 있는 질량이 큰 물

*

체의 중력렌즈에 의해 우리가 있는 곳에 초점이 맺히는 것이다.

흠. 가까이 있으면서 시공간을 휘어지게 할 만큼 질량이 큰 것은 무엇일까? 모든 행성은 시공간을 어느 정도 휘어지게 해서 태양계 경계 너머 우주로 멀리 뻗어나가는 중력렌즈 초점 영역을 만드는데, 행성의 질량이 작을수록 초점은 더 멀어진다. 엄청난 질량을 가진 태양은 시공간을 휘어지게 하여 550AU 부근에 초점 선을 만든다.그림 2.2. 물리학자 슬라바 투리셰프는 NASA에서 이 효과를 연구하고 있으며, 기존의 광학 망원경으로는 볼 수 없는, 잠재적으로 거주 가능한 외계행성의 사진을 찍기 위해 직경 1~2m 되는 적당한 크기의 망원경을 태양의 중력 초점 영역으로 보내는 임무를 제안했다.[15] 과학자들은 그 외계행성의 사진을 마치 가까이에서 관찰하는 것처럼 재구성하여, 누군가가 밤에 불을 켜고 있는지 확인할 수 있을 것이다!

가까운 성간 우주에 대한 이해를 서서히 높여줄 여러 매력적인 과학 임무들이 제안되고 있으며, 이 제안들은 모두 더 멀리 더 빠르게 여행할 것을 요구한다. 이 임무는 새로운 추진 기술 없이는 달성하기 어렵고(어쩌면 불가능할 수도 있고), 이러한 임무를 수행하는 데 필요한 기술은 추진 기술뿐만이 아니다.

동력은 어떻게 할 것인가? 어떻게 우주선을 따뜻하게 유지하면서 장비를 작동하고 지구로 자료를 전송할 수 있을 것인가?

---

* 이 책을 읽고 있는 과학자들을 위해 하는 말이다. 엄밀히 말하면 태양 중력렌즈는 볼록렌즈처럼 단순한 초점을 만드는 것이 아니라 아인슈타인 고리처럼 너무 복잡해서 여기서 다 설명하기는 어려운 것을 만든다. 하지만 효과는 같고, 볼록렌즈 초점이 가장 이해하기 쉬운 비유다.

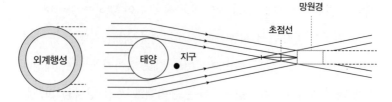

그림 2.2. 태양 중력렌즈. 외계행성에서 반사된 빛은 시공간을 통과하는 직선 경로를 따라 수 광년의 공간을 가로질러 태양에 도달한다. 무거운 태양 근처에서는 시공간이 휘어진다. 빛은 이 구부러진 경로를 따라 550AU 근처에서 모여 초점 선을 만든다. 적절한 영상 처리 기술을 갖춘 망원경이 그곳에 배치되면 외계행성을 매우 자세하게 볼 수 있으며, 만약 우리와 비슷한 문명이 존재한다면 이를 감지할 수 있을 것이다. 〈태양 중력렌즈를 이용한 이미지 복구〉(by Viktor T. Toth and Slava Turyshev, *Phys. Rev.* D 103, 124038, 2021년 6월)에서.

현재의 로봇 우주선들은 태양 근처의 태양계 안쪽에서 작동하기 때문에 대부분 태양빛으로 전력을 공급받는다. 우리의 카누가 태양에서 멀어질수록 빛은 점점 어두워지고 결국 태양은 하늘의 다른 별과 거의 구별할 수 없게 된다. 이렇게 되면 우주선 태양 전지판이 전력을 만드는 기능이 감소하고, 결국에는 전력이 만들어지지 않는 지점에 도달하게 된다. 이 문제는 직관적으로 보이는 것보다 훨씬 더 심각하다. 태양빛의 성질은 역제곱 법칙을 따르기 때문이다.

이 법칙은 태양과 같은 점광원에 모두 적용된다. 간단히 말해, 태양으로부터의 거리를 2배로 늘리면(예를 들어 지구 궤도 거리의 2배로 늘리면) 특정 표면에 떨어지는 빛의 양은 (직관적으로 생각할 수 있는 것처럼) 절반으로 줄어드는 것이 아니라 4배($\frac{1}{2}^2 = \frac{1}{4}$) 감소한다. 해당 표면에 떨어지는 빛의 양은 지구가 태양에 더 가까이 있었을 때 같은 표면에 떨어지는 빛의 양의 4분의 1에 불과하다는 말이다. 태양과 지구 사이의 거리를 3배로 늘리면 태양 전지판에 떨어지는 빛의 양은 9배(3^2) 줄어든다. 반대로 거리를 태양과 지구 사이 거리의 1/3로 줄이면 태양빛은 3배가 아니라 9배로 증가한다!

태양빛이 풍부할 때는 넓은 면적의 태양 전지판을 배치해 전력을 생산하는 것이 가장 경제적이고 간단한 방법이다. 우주선이 태양에서 멀어질수록 태양빛의 세기가 급격히 감소하여 생산할 수 있는 전력도 급격히 줄어든다. 어떤 임무는 나머지 다른 임무보다 더 도전적이어서 필요한 전력의 범위가 넓다. 예를 들어, 목성을 연구하기 위해 2011년에 발사된 주노 우주선*은 목성에서 435와트의 전력밖에 생산하지 못한다(역제곱 법칙에 따라, 지구 궤도에 있었다면 그 몇 배의 전력을 생산할 수 있었을 것이다).

목성이나 더 먼 곳으로 향하는 탐사선의 경우, 우주선은 방사성 동위원소 열전 발전기Radioisotope Thermoelectric Generator, RTG라는 플루토늄 동력 재료를 사용하는데, 이것은 과학 장비를 작동하고, 추운 우주 공간에서 우주선을 따뜻하게 유지하며, 수집한 자료를 지구로 전송하기 위한 통신 시스템을 구동하는 데 충분한 전력을 생산한다. 명왕성을 지날 때 뉴 호라이즌스에 탑재된 것과 같은 하나의 RTG는 겨우 약 202와트를 생산할 수 있다. 이것은 의미 있는 과학 자료를 보내는 데 필요한 최소한의 전력이다.

태양전지는 태양 가까이 있을 때만 작동하며, 수십 년이 걸리

---

* 주노는 헤라의 로마식 이름이고 목성인 주피터는 제우스의 로마식 이름이다. 주노/헤라와 주피터/제우스는 부부다. '주피터'를 확인하러 '주노'를 보냈다는 설정이 재미있다(혹시 주피터가 나쁜 짓을 하고 있지는 않은지 확인하려고?).

는 200AU 이상의 장거리 여행에 필요한 전력을 저장할 수 있는 배터리는 없다. RTG 기술은 플루토늄의 방사성붕괴를 기반으로 한다.그림 2.3. 붕괴 생성물의 일부는 플루토늄을 둘러싼 물질에 흡수되어 열을 발생시키고, 이 열은 열전대를 통해 전기로 전환된다.* 열전대는 전기를 수동적으로 생산한다. 움직이는 부품이 없다는 말이다. RTG는 쉽게 부서지거나 작동을 멈출 수 있는 부품이 없기 때문에 지구에서 멀리 떨어진 우주선에서 사용하기에 적합하다. RTG의 수명을 제한하는 요소는 87년인 플루토늄의 반감기다.** 안타깝게도 출력 전력은 플루토늄의 양에 따라 달라지므로 출력도 비슷하게 감소한다. 1977년에 발사된 보이저 우주선은 2025년에서 2030년 사이에 RTG가 우주선의 작동을 계속하고 지구로 연락하기에 충분한 전력 생산을 중단할 것으로 예상된다. NASA는 다양한 출력 전력과 임무에 특화된 구성(예: 심우주 또는 화성 표면)을 갖춘, 지금은 방사성동위원소 동력 시스템Radioisotope Power System, RPS이라고 부르는 차세대 방사성붕괴 전력 시스템을 개발하고 있다. 차세대 발전 시스템은 최대 약 500와트의 전력을 공급할 수 있을 것이다.[16]

---

* '열전대(thermocouple)'에서 'thermo–'는 '열과 관련된'이라는 뜻이고 'couple'은 '결합하다'라는 뜻이라는 것을 말해야겠다. 나는 단어 놀이와 어원을 좋아하기 때문에 우리가 사용하는 많은 단어와 그 어원, 그리고 그 단어를 말할 때 어떻게 들리는지에 흥미를 느낀다. (가족에게 시도해 보라. 나는 때때로 당면한 주제와 관련이 있을 수도 있고 없을 수도 있는 동의어, 동음이의어 또는 그냥 무의미하게 들리는 단어를 아무렇지도 않게 말하기도 한다.)

** 플루토늄은 우라늄으로 붕괴되어 알파입자를 방출할 때 발생하는 열을 통해 전력을 생산한다. 물질의 반감기는 물질의 절반이 붕괴되어 딸핵종이 되는 데 걸리는 시간이다.

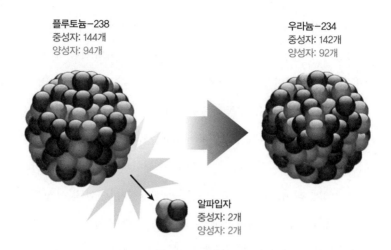

플루토늄-238
중성자: 144개
양성자: 94개

우라늄-234
중성자: 142개
양성자: 92개

알파입자
중성자: 2개
양성자: 2개

그림 2.3. 플루토늄의 방사성붕괴. 플루토늄-238은 불안정하며, 87년의 반감기로 우라늄-234로 자연적으로 붕괴한다. 플루토늄이 붕괴하면서 헬륨 원자핵(흔히 알파입자라고도 함)을 방출하는데, 이 헬륨 원자핵은 방사성원소를 둘러싼 물질과 상호작용하여 열을 만든다. 이렇게 만들어진 열은 우주선을 따뜻하게 유지하거나 소량의 전기를 생성하는 데 사용되며, 태양으로부터 멀리 떨어져 있어 태양 전지판을 사용할 수 없을 때 우주선에 전력을 공급해 줄 수 있다.

다른 방법으로는 무엇이 있을까?

NASA는 새로운 핵분열 기반 전력 시스템(전력 생산에 사용되는 원자로와 유사하게 작동하는)인 킬로파워Kilopower도 개발하고 있다. 이것은 RTG보다 약 4배 더 많은 전력을 생산할 수 있지만 치명적인 단점이 있다. 바로 수명이다.[17] 킬로파워의 설계 수명은 20년이 되지 않는다. 원칙적으로 킬로파워 원자로는 100년 이상 작동하면서 전력을 생산하도록 설계될 차세대 핵분열 원자로의 길잡이 역할을 할 수 있으며, 핵분열을 성간 탐사선, 태양 중력렌즈, 그리고 어쩌면 다른 별을 향한 임무에까지 사용할 하나의 선택지가 될 수 있다. 발사 및 심우주 통과 단계에는 로봇 우주선에 필요한 동력이 비교적 크지 않다는 점을 감안하면, 우주선에 25년에서 50년 또는 그 이상의 여정을 견딜 수 있는 충분한 핵연료를 탑재할 수 있다. 그렇게 간단하기만 하다면 말이다. 핵분열 원자로는 RTG처럼 방사능 붕괴로 인한 열을 수동적으로(움직이는 부품이 없다는 의미) 전기로 변환하는 게 아니라, 핵반응에서 발생하는 열을 사용해 유체 또는 기체를 팽창시킨 다음 냉각하고 수축시켜 자석 주위로 전선을 움직이게 하여 전력을 생성한다. 이 과정은 단순한 방사성붕괴보다 더 많은 전기를 생산하지만, 더 많은 단계가 있고 더 많은 질량이 필요하며 더 복잡하다(핵분열→열→기체 팽창/수축→자석 주위로 전선이 움직임→전기 생성). 대부분의 공학자가 증언하듯이 움직이는 부품이 그렇게 많은 기계는 시간이 지나면서 마모되거나 고장 나기 쉬우며, 반세기 동안 지속적으로 작동할 수 있는 시스템을 설계하는 것도 어려운 일이다. 하지만 할 수는 있다.

또 다른 선택지는 전력 전송이다. 레이저나 마이크로파를 사용해 깊은 우주에 있는 우주선에 전력을 전송할 수 있는데, 이 방법을 활용하는 데 가장 핵심적인 요소는 로켓과 마찬가지로 효율성이다. 마이크로파로 변환된 에너지가 만들어진 곳에서부터 우주선에 필요한 전력으로 사용되기 위해 필요한 단계는 다음과 같다: 1) 지상 또는 우주에서의 발전發電, 2) 전력을 마이크로파로 변환, 3) 송신, 4) 우주 공간을 가로지르는 전송, 5) 수신, 6) 다시 전력으로의 변환. 시스템 전체의 효율성은 각 단계 효율성의 결과물이다. 시스템이 실행 가능하려면 각 단계의 효율이 높아야 한다. 다행히 인류는 마이크로파를 만들고 조작하는 데 꽤 능숙하다.

*

제2차 세계대전 중 레이더로 처음 널리 보급된 이후 1960년대 전 세계 주방에 기적처럼 빠르게 음식을 조리할 수 있는 전자레인지가 도입되면서 사람들은 온갖 종류의 창의적인 용도로 마이크로파를 만들어 사용해 왔다. 우리 생활에 가장 밀접한 것으로는 현대의 휴대전화 네트워크(전 세계 도로변에 산재해 있는 휴대전화 기지국을 생각해 보라)와 위성통신이다. 휴대전화 네트워크의 경우, 휴대전화 기지국에서 낭비되는 1와트의 전력은 미국에서만 수십만 개의 기지국을 운영하는 대형 휴대전화 회사의 막대한 손실로 이어진다. 효율성을 높이고 비용을 절감하기 위해 기술과 시스템을 개발하는 일에는 엄청난 이익이 따르며, 말 그대로 보상을 받는다. 앞에서 설명한 효율성 사슬의 각 단계는 우주 공간을 가로지르는 전송이라는 한 단계를 제외하고는 상대적으로 높은 가치를 지니고 있다. 수백만 또는 수십억 킬로미터의 우주 공간을 가로지르기 위해 밖으로 전송되는 마이크로파는 태양빛이나 태양풍처럼 시간이 지남에 따라 널리 퍼지기 때문에 우주선에서 수신할 수 있는 전력량이 줄어들며, 가능한 한 많은 에너지를 받기 위해 수신 안테나가 점점 더 커지고 무게와 복잡성도 동시에 증가하게 된다.

그리고 레이저가 있다. 전자기 스펙트럼에 걸쳐 다양한 색의 빛을 방출하는 태양빛과 달리 레이저는 주파수 스펙트럼, 즉 색의 범위가 좁다. 이것은 수신된 레이저 빛을 우주선에서 전력으로 변환할 때 매우 중요하다. 태양전지는 (태양에서 방출되는 빛과 같이) 다양한 색의 빛을 전력으로 변환하는 데 효과적인데, 이는 전반적인 효율이 높지 않다는 의미다. 측정된 효율은 약 40% 이하다. 입사된 태양빛에 포함된 에너지의 40%만 전력으로 변환된다는 말이다. 나머지는 대부분 버려지는 열로 손실된다. 반면, 레이저와 같이 하나의 주파수에서만 전력 변환을 극대화하도록 설계된 태양전지는 변환 효율이 55%를 훨씬 상회할 수 있다. 이러한 효율성 증가의 실용적인 측면은 더 작은 수신기를 사용할 수 있어 우주선 질량을 줄일 수 있다는 것이다.

레이저 역시 우주 공간을 이동할 때 퍼지지만, 마이크로파보다 훨씬 더 집중된 광선으로 여정을 시작할 수 있어 손실이 적다는 장점이 있다. 하지만 거리가 너무 멀기 때문에, 퍼져서 손실되는 에너지는 여전히 상당하다.

추진력과 동력의 선택지를 확인했으니 이제 다음은 통신이다. 우주선을 어디든 보낼 수 있는 것은 기술적 성과지만, 장비에서 수집한 자료를 지구로 보낼 수 없다면 무슨 소용이 있겠는가? 두 보이저 우주선은 너무 멀리 떨어져 있어서 전파 신호가 우주선에서 지구로 또는 그 반대로 이동하는 데 21시간 이상이 걸린다. 이들의 23와트 전파는 약 3와트를 사용하는 일반 휴대폰보다는 강력하지만, 내가 사는 지역의 공영 라디오 방송국 송신기의 100,000와트보다는 훨씬 약하다. 보이저 신호가 지구에 도달하면 그 전력은 약 10^{-18}와트로 떨어진다. 이 신호를 어떻게 수신하고 해석할 수 있을까? 성간 통신의 과제를 이해하려면 먼저 몇 가지 용어를 정의하고 극복해야 할 과제를 나열할 필요가 있다.

비트bit는 데이터의 가장 작은 단위로, 일반적으로 0 또는 1 중 하나의 이진 값을 갖는다. 비트는 '거기 있니?'라는 질문에 대한 답과 같은 간단한 정보를 전달하기 위한 디지털 통신의 기본 데이터 단위다. 대답이 '예'이면 답은 '1'이 되고, '거기'에 없거나 대답이 없으면 답은 '0'이 된다. 이러한 유형의 자료는 초당 비트^{bps} 단위로 측정되는 속도로 전송할 수 있다. 그런데 일반적으로 비트는 8비트씩 '바이트'로 묶인다. 바이트는 단순히 '1' 또는 '0'만으로는 구별할 수 없는 영어 알파벳의 특정 문자를 표시하는 비트의 조합이라고 생각하면 된다. 음악은 훨씬 더 복잡하다. 내 컴퓨터에 저장된 조니 캐시의 〈Walk the Line〉이라는 노래는 38,081,616바이트를 차지한다. 동영상은 훨씬 더 많은 용량이 필요하며, 일반적인 고화질 영화는 약 3,000,000,000바이트를 차지한다. 선행 혹은 실제 성간 임무의 맥락에서는 우주선이 방문 목적지의 고해상도 영상이나 사진을 전송하는 것보다 기껏해야 몇 비트의 데이터를 소비하는 '도착했다'라는 간단한 메시지를 보내는 게 훨씬 쉬울 수 있지만, 우주선을 보내기 위해 온갖 고생을 한 사람들에게는 만족스럽지 못할 것이다.

대역폭은 측정된 시간 동안 전송할 수 있는 정보의 양을 말하며, 일반적으로 비피에스^{bps} 단위로 표시된다. 현대의 지상파 통신 네트워크는 일상적으로 수백만 명의 사용자를 처리하며, 각 사용자에게 초당 수천 비트^{kbps}(초당 킬로비트)에서 수백만 비트^{mbps}(초당 메가비트), 수십억 비트^{gbps}(초당 기가비트)에 이르는 속도로 데이터를 전송한다. 이렇게 많은 양의 데이터를 전송하려면 수많은 전력, 신호를 중계하고 신호 강도를 높이는, 일정한 간격으로 설치된 수천 개의 송수신 탑, 전 세계에 걸쳐있는 광범위한 구리 및 광섬유

케이블 네트워크가 필요하다. 당연히 우주 공간에는 이와 유사한 인프라가 존재하지 않는다.

링크 마진(연결 여백)은 통신 시스템의 전력과 거리에 따라 얼마나 잘 작동하는지를 나타내는 척도다. 태양빛, 태양풍, 레이저, 마이크로파 등과 마찬가지로 전파 전송의 세기는 거리에 따라 빠르게 감소하는 역제곱 법칙을 따른다. 가장 적절한 예는 또 보이저 우주선이다. 보이저의 약한 전파 신호를 수신하기 위해 NASA는 지름 70m의 전파 접시 안테나 네트워크를 사용한다! 보이저호가 계속해서 깊은 우주로 날아가면 보이저의 전파 신호는 곧 지구에서 감지할 수 없게 될 것이다.

먼 거리에서 전송 및 감지되는 신호의 양을 늘리는 좋은 방법이 세 가지 있다. 1) 송신 전력을 높이고, 2) 송신 및/또는 수신기 안테나의 크기를 늘리고, 3) 다른 사용자가 없어 잡음이나 간섭이 거의 또는 전혀 없는 '조용한' 전파 주파수를 사용하는 것이다. 고출력 송신기를 사용하면 처음에 더 큰 세기를 만들 수 있고, 전송 중에 불가피하게 전력이 떨어진다 해도 어느 정도 여유가 있다는 분명한 이점이 있다. 다른 접근 방식인 더 큰 안테나를 건설하는 것은 역제곱 손실 문제의 '어떻게' 부분을 생각하면 이해가 가능하다. 광선이 퍼져나가면 특정 지역에서 모을 수 있는 광선이 약해진다. 모으는 영역을 넓히면 약해진 신호를 더 많이 받을 수 있다. 우주 공간에 지름이 아주 큰 안테나를 여러 개 설치하면(생각보다 어렵지 않을 수 있다. 나중에 자세히 설명하겠다) 신호를 받는 영역이 넓어진다.

우주선 측면에서 보면 이 두 가지 방법 모두 우주선을 무겁게 만들어 추진 문제가 더 어려워진다. 선행 임무의 경우, 최근의 핵분열 그리고 어쩌면 핵융합 발전으로 유용한 자료를 전송할 수 있는 거리를 늘리는 충분한 추가 출력을 제공받을 수 있다. 이렇게 강해진 출력은 펼치기가 가능한(발사할 때 작은 부피로 실은 다음 우주에 도착한 후 펼쳐서 작동할 수 있는) 혁신적이고 가벼운 안테나와 결합하여, 현실적으로 우리가 도달할 수 있는 성간으로의 거리를 수백 AU 이상으로 늘릴 수 있다. 이는 별과 별 사이에서 신호를 보내는 데 필요한 것보다는 여전히 훨씬 부족하지만 선행 임무에는 충분하다.

지구 근처의 인공 전파 잡음은 (앞에서 언급한 것과 같은 10만 와트 송신기와 수십억 개의 3와트 휴대폰으로 인해) 큰 문제가 되고 있으며, 태양과 행성, 특히 목성의 자기권에서 발생하는 전파 잡음으로 인해 더욱 복잡해진다.* 이러한 이유로 과학자들은 상대적으로 '조용한', 즉 지상파 전파 송신기에서 사용하지 않고 자연에 의한 방해를 거의 받지 않는 주파수를 사용한다. 보이저는 두 가지 주파수(2.3GHz 또는 8.4GHz) 중 하나를 사용해 지구로 신호를 보내고, DSN(심우주 네트워크)은 2.1GHz로 보이저에 신호를 보낸다.

광통신은 어떨까? 여러 도시에서 자료 전송 속도를 높이기 위해 구리선 기반 인터넷 시스템을 광섬유로 교체하려는 움직임이 활발하다. 광통신 시스템은 전파 주파수를 이용해 공중으로 정보를 전

---

* 믿기 어렵겠지만, 18MHz 또는 24MHz로 맞춰진 민감한 라디오가 있고 정확한 시간을 안다면 지구에서도 목성의 전파 잡음을 들을 수 있다.

송하는 대신, 훨씬 더 많은 정보를 전달할 수 있는 레이저 광선을 사용한다. 광섬유는 훨씬 무거운 구리선의 초당 전송 속도mbps에 비해 초당 기가비트gbps 또는 테라비트tbps의 속도로 자료를 전송할 수 있다. 무선으로도 이와 유사한 자료 전송 속도 증가가 가능해야 하지만 몇 가지 단점이 있다.

우선, 행성 대기에서는 구름을 포함한 습한 대기, 그리고 광원과 수신기 사이에 있는 많은 먼지 입자와 에어로졸에 의해 빛이 흡수되고 산란되기 때문에 광통신이 잘 작동하지 않는다(햇빛이 거실 창문을 통해 들어올 때 보이는 작은 입자들을 생각해 보라). 깊은 우주에서는 이런 문제가 대부분 사라진다. 이러한 이유로 전 세계 우주 기관은 광통신을 도입해 수백만 킬로미터에 걸쳐 대량의 자료를 전송함으로써 화성과 같은 곳에서 고해상도 영상을 거의 실시간으로 상영하는 것을 가까운 미래의 현실로 만들고 있다(몇 달에 걸쳐 영상을 다운로드한 후 보는 것과는 대조적이다). 레이저 광통신은 고출력으로 출발하여 자료를 의도한 목적지를 향해 정확한 방향으로 전송할 수 있지만, 거리가 멀어질수록 광선이 퍼지고 에너지밀도가 떨어지며 링크 마진이 감소한다. 그리고 지향 문제pointing problem도 있다. 레이저 광통신을 사용하면 지향성 전파 송신기보다 시선 방향 문제가 훨씬 더 엄격해진다. 광선이 조금만 흔들려도 수신되는 신호에 차이가 생길 수 있고 수신이 되지 않을 수도 있다. 예를 들어, 어두워진 후 밖에 나가 손전등 빛을 안정적으로 유지하면서 옆 블록의 건물이나 나무를 비춰보라. 손을 조금만 움직여도 빛이 닿는 지점이 상당히 많이 움직이는 것을 볼 수 있다. 수십억 또는 수조 킬로미터 떨어진 소형 우주선이 신호를 볼 수 있도록 레이저 광선을 아주 안정적으로 유지하려 할 때 이 거리에서 흔들림의 영향으로 유용한 통신이 불가능해진다고 상상해 보라. 지구에서 보내는 광선은 지구의 자전, 태양 주위를 도는 행성의 움직임, 은하 중심을 공전하는 태양의 움직임으로 인해 지속적으로 움직이고 있다는 사실을 기억하라. 광선에 포함된 정보를 송신하거나 수신할 때 이러한 모든 움직임을 계산하고 보정해야 한다.

앞서 설명한 내용은 지구에서 우주선으로 정보를 전송하는 방법에 관한 것이다. 우주선은 전파 안테나가 어디를 향해야 하는지 알아야 하며, 그렇지 않으면 통신이 끊어진다. 수백 AU 단위로 측정되는 거리에서 광통신을 사용하는 것에 대한 결론은 아직 나오지 않았다.

추진력, 동력, 통신, 신뢰할 수 있는 시스템 등 이 모든 것이 성공적인 성간 선행 임무에 필요한 요소들이지만 이것만으로는 충분하지 않다. 부족한 부분을 채워줄 사람이나 조직을 찾아야 하는 이유다. 다행히 미국 국립연구위원회National Research Council 보고서 〈태양과 우주 물리학: 기술 사회를 위한 과학〉, 즉 '태양물리학 10년 조사'라고도 하는 보고서(NASA의 우주과학에 대한 투자를 안내하는 과학 문서 중 하나)는 우리가 떠나야 할 이유를 다음과 같이 제시한다.[18]

성간 탐사선을 위한 첨단 과학 장비는 새로운 기술을 필요로 하지 않는다. 추진력이 주요 기술적 장애물이기 때문이다. (그리고 가벼운 방사성 동력원에서 얻어지는 전력과 신뢰할 수 있고 민감한 심우주 Ka 대역 통신도 필요하다.) 국제 협력을 통해 진행 가능한 첨단 추진 방법은 보이저 1호(3.6AU/년) 보다 훨씬 빠른 속도로 태양권계면에 도달하는 것을 목표로 해야 한다. 태양 돛이 있고, 태양 전기추진을 단독으로 사용하거나 방사성동위원소 전기추진을 함께 사용하는 방안도 있다. 위원들은 탄도 또는 원자력 전기추진 방식 중 어느 것도 현재로서는 신뢰할 수 없다고 판단했다. 요약하면, 향후 수십 년 동안 이 10년 조사의 핵심 과학 목표를 달성하기 위해 SHP(태양 및 태양권 물리학) 위원들은 NASA가 SPI(Solar Polar Imager, 태양 극지방 탐사선)와 성간 탐사 같은 선구적인 임무에 필요한 추진 기술을 개발하는 데 높은 우선순위를 부여해야 한다고 믿는다.

성간 우주로의 가장 초보적인 임무라도 가능하게 하려면 '카누 단계'에서 벗어나 다음 단계로 나아가기 위한 기술 발전이 필요하다. 유명한 (불행히도 실존 인물은 아닌) 우주선 선장의 불멸의 말을 빌리자면, "그렇게 만들어라!"

제3장

성간 여행을
맥락에 맞추기

지난 세기에는 지난 천 년보다 더 많은 변화가 있었다.
새로운 세기의 변화는 지난 세기와는 비교도 되지 않을 것이다.

—H. G. 웰스(SF 작가)

이제 잠시 멈춰서 숨을 고른 뒤 현실적인 기대치를 설정하고 몇 가지 잘못된 개념을 해결해야 할 때다. 제1장에서는 우리가 방문하고 탐험하고 미래의 보금자리로 삼고 싶은 우주의 놀라운 것들에 대해 이야기했다. 먼 거리 때문에 생기는 엄청난 도전에 대해서도 설명했다. 제2장에서는 우리 태양계의 가장 안쪽을 구성하는 8개 행성의 경계를 넘어서는 깊은 우주 탐사의 현재 위치에 대해 논의하고, 가까운 성간 우주를 탐사하기 위해 향후 몇 년 내에 발사 가능한 임무에 대해 설명했다. 그리고 현재 기술로는 소형 로봇 탐사선을 다른 별에 보내는 데도 수만 년이 걸린다는 사실에 대해서도 논의했다. 별에 도달하는 것은 소심한 사람들을 위한 일이 아니다.

이러한 여행을 가능하게 만들기 위해 개발되어야 하는 다양한 기술을 설명하기 전에, 우주선을 합리적인 시간 내에 여행에 필요한 속도로 가속하는 데 필요한 에너지의 관점에서 별들 사이의 엄청난 거리를 가로지르는 도전에 대해 다시 설명하는 편이 유용할 것이다. 그리고 '합리적인 시간'의 의미를 재정의하고(여러분이 생각하는 것과 다를 것이다) 때때로 제기되는 몇 가지 윤리적 문제를 해결해야 한다.

우주선이 에너지원을 추진력으로 변환하는 효율이 실제로는 달성할 수 없는 100%라고 해도 (현재 비행 중인 가장 작은 우주선의 질량인) 1kg을 광속의 10분의 1(0.1c)로 가속하는 데 필요한 에너지는 약 450조J에 달한다. 이것은 큰 숫자다. 이 정도 크기의 숫자를 보면 대부분의 사람들은 눈이 휘둥그레지기 시작한다. 우리가 실제로 이해할 수 있는 단위로 보면 이것은 무엇을 의미할까? 발전소에서 연소되는 석탄을 생각해 보자. 절대로 발생하지 않는 이상적인 조건에서 1kg의 석탄은 약 2,300만J의 에너지를 생산할 수 있다. 그러니까, 1kg의 우주선을 0.1c로 가속하려면 약 1,900만kg의 석탄에서 방출되는 모든 에너지를 100% 효율로 연소하고 포집해야 한다.* 720kg의 보이저 크기의 우주선을 0.1c로 가속하려면 그 720배의 에너지가 필요하다. **이는 1년간 전 세계 에너지 생산량의 상당 부분(약 0.06%)에 해당하는 양이다.** 의도한 목적지에 도달하기 전 감속을 해야 한다는 사실은 필요한 에너지를 2배까지 증가시킨다. 사람을 태우고 다른 별을 향해 장거리 여행을 떠나는 우주선을 가속하는 데 필요한 에너지를 고려하면 그 수치는 훨씬 더 놀

---

* 열차 한 칸에 약 7만kg의 석탄을 실을 수 있다는 점을 고려하면, 우주선을 광속의 10%까지 가속하는 데는 석탄을 가득 실은 열차 168량이 필요하다.

랍다. 유인 우주선 연구를(그렇다, 실제로 존재한다) 검토한 결과, 그러한 우주선의 질량은 10^7~10^{10}kg 사이가 될 것으로 나타났다. 질량이 10^7kg인 우주선을 완벽한 효율로 0.1c까지 가속하려면 4.5×10^{21}J이라는 엄청난 에너지가 필요하다.

필요한 운동에너지에 더해 높은 속도에 도달하는 작업을 훨씬 더 어렵게 만드는 것은 특정 추진 시스템이 추진제를 유용한 추력으로 변환하는 효율(거의 항상 100%에 훨씬 못 미치는)과 추진 시스템에서 사용되는 추진제의 고유 에너지밀도다. 높은 에너지밀도의 추진제를 매우 효율적으로 추력으로 변환하는 것 외에는 실용적이지 않다.

에너지 변환을 이해하기 위해 일반적인 휘발유 자동차를 예로 들어, 자동차가 휘발유를 운동으로 변환하는 효율을 생각해 보자. 자동차의 엔진에서 휘발유가 점화되고 연소하여 팽창하는 기체 구름을 만든다. 팽창하는 기체의 운동에너지는 피스톤의 움직임으로 변환되고, 이 움직임은 크랭크축의 회전운동으로 변환된다. 회전하는 크랭크축이 바퀴를 돌려서 회전운동을 자동차의 직선운동으로 변환한다. 각 단계의 비효율성을 모두 더하면, 휘발유가 자동차의 운동으로 변환되는 최종 전체 효율은 50% 미만이다.

그런데 잠깐, 앞의 예에서는 휘발유로 시작했다. 휘발유는 석유로 만들어지며, 석유에서 휘발유를 만드는 과정에도 비효율성이 존재한다. 우주여행을 위한 특정 추진제를 고려할 때, 그 추진제 생산이나 추진 시스템 제작의 비효율성은 우주선의 전체 여행 시간이나 우주선 크기에 영향을 미치지 않으므로 일반적으로 관련성이 없는 것으로 간주된다. 그러나 추진제 생산에 필요한 비용과 인프라에 대해 논의하기 시작하면 문제가 된다. 이런 과정 역시 비효율적이기 때문에 성간 임무를 수행하는 전반적인 작업을 훨씬 더 어렵게 만든다.

빠른 이동을 가능하게 하는 추진 시스템을 개발하는 것은 현실적인 시간 내에 별들 사이의 엄청난 거리를 이동하게 하는 핵심이다. 그렇게 빨리 여행하면 큰 문제가 발생할 수 있다. 우리가 현실적으로 상상할 수 있는 가장 작은 성간 우주선의 질량은 1kg이고, 그것이 0.1c의 속도로 여행할 때 운동에너지는 450조J에 달한다는 사실을 기억하라. 우리의 겨냥 혹은 항행 기술이 경로에서 약간 벗어나 이 작은 탐사선이 우연히 행성과 충돌한다면, 각각 15kt(킬로톤)인 히로시마 규모의 원자폭탄 7개에 해당하는 폭발력을 가진 폭발의 형태로 모든 에너지를 방출할 수 있다. 그리고 이것은 보통 멜론과 같은 무게의 우주선에 해당하는 얘기다. 0.1c로 이동하는 보이저급 우주선은 히로시마 원폭 5,000개가 훨씬 넘는 79,000kt의 에너지로 충돌할 것이다! 그리고 이는 겨우 빛의 속도의 10%로 이동하는 우주선에 대한 것이다. 항성 간 빠른 이동이 가능해진다면 광속의 50%가 넘는 속도로 우주선을 보내야 할 것이다. 이렇게 더 빠른 경우, 멜론 크기의 우주선은 히로시마 원폭 220개 이상의 에너지와 맞먹는 위력을 갖게 된다. 별을 향한 첫 번째 사절단이 실수를 저질러 외계 생명체와의 첫 접촉(목적지에 외계 생명체가 있다면)이 전쟁 행위로 여겨지는 일이 없도록 해야 한다!

이제 여행에 걸리는 시간에 대해 이야기해 보자. 이 주제는 북아

✳

메리카나 남아메리카에 거주하는 독자들에게는 어려울 수 있는데, 나의 개인적인 경험에 따르면 시간에 대한 그곳 사람들의 인식은 세계 다른 곳에 사는 사람들과 크게 다르기 때문이다. 그 이유는 간단하다. 이 대륙의 건물이나 구조물 대부분이 아주 최근에 만들어진 것이기 때문이다. 물론 아메리카 원주민이 만든 의식용 고분도 있고, 그중 일부는 2,000년 이상 거슬러 올라가기도 하지만, 특히 북아메리카와 캐나다에서 우리가 일상에서 접하는 대부분의 구조물은 지난 50~100년 이내에 지어졌으며, 정말 오래된 집, 건물, 교회라야 아마도 1600년대까지만 거슬러 올라갈 것이다. 이러한 '오래된' 건축물들은 보통 보존을 위해 따로 관리되고 있으며 인기 있는 관광 상품이 되기도 한다. 이제 유럽을 생각해 보자.

대학 시절 영국에서 온 친한 친구가 있었다. 직장 생활을 시작한 후 런던에 있는 그의 '플랫flat(아파트)'에 놀러 간 적이 있다. 멋진 여행이었고, 여행 중에 친구에게 그 플랫이 언제 지어졌는지 물어봤다. 그의 대답은? "1800년대 초반 정도에 지어진 꽤 최근 건물이야." "꽤 최근 건물???" 나는 런던과 그 주변에 있는 수천 채의 아파트 중 한 곳에 머물고 있었는데, 이 아파트는 미국이 겨우 스물다섯 살일 때 지어진 것이었다. 유럽 대부분의 지역에서 여전히 사용되고 있는 일상적인 건물 중엔 수백 년 된 것들이 많지만 현지인들은 이를 대수롭지 않게 여긴다. 이탈리아와 그리스를 방문했을 때, 건물과 주변 랜드마크의 나이에 대해 아무렇지 않은 태도는 훨씬 더 오랜 기간으로 확장되었다. 아내와 나는 (서기전 800년경에 지어진) 델파이, (서기전 2000년에 지어진 유적이 있는) 올림피아, 파르

테논 신전 등을 둘러보았다. 이해가 될 것이다. 수많은 유럽인들은 나와는 상당히 다른 역사관을 가지고 있다. 나에게는 200년 전에 일어난 일이 고대의 역사다. 그들에게는 최근의 사건일 것이다.

그리고 아름다운 성당들과 교회들이 있다. 신을 찬양하기 위해 지은 이 장엄한 건축물들은 많은 유럽 도시에 자리 잡고 있으며, 대부분의 북아메리카와 남아메리카 사람들에게는 부족한 '긴 안목'을 보여주는 살아있는 사례다. 세계에서 가장 유명한 교회 중 하나인 캔터베리 대성당을 짓는 데는 시작부터 끝까지 343년이 걸렸다.[2] 건축하는 데 2년도 채 걸리지 않은 우리 지역 교회의 건축위원회가 완공까지 300년 이상 걸릴 새 건물을 짓는 데 서명을 한다는 것은 상상도 할 수 없다. 당신은 가능한가? 미국에서는 많은 기업의 전략과 장기 계획이 5년 후를 내다보고 수립된다. 우리가 별을 향한 탐험을 하려면 유럽의 교회를 지을 때 필요했던 사고방식을 연상시키는 훨씬 더 긴 안목을 가져야 한다. 우주선은 깊은 우주를 가로질러 매우 빠른 속도로 이동해야 할 뿐만 아니라 지구인들의 몇 세기에 걸친 지원도 받아야 한다.

다시 지구에서 알파 센타우리 A, B, C를 도는 행성으로 여행하는 작은 로봇 우주선을 생각해 보자. 이 별의 행성들은 모두 지구에서 거의 같은 거리(은하계 규모에서)에 있다. 4.3광년 정도다. 0.1c의 속도로 이동하는 우리의 용감한 성간 우주선은 그곳에 도착하는 데 43년 이상이 걸릴 것이다. '이상'이라고 말한 이유는, 우주선이 여행 초반에 0.1c로 가속하고 마지막에 감속하는 데 시간을 소비할 테니 총 여행 시간이 최소 50년 이상 소요될 것으로 예상되기 때문이다. 일단 도착하면 우주선은 수집한 자료를 빛의 속도로 지구로 전송할 테고, 지구의 전파 수신기에 도달하는 데 4.3년이 걸리므로, 발사부터 첫 자료 수신까지 총 소요 시간은 최소 55년이다. 그리고 이는 가장 가까운 별의 경우다! 필요한 에너지를 고려할 때, 인간 승무원을 태울 만한 크기의 대형 우주선은 0.1c보다 훨씬 느리게 이동해야 하므로 여행 시간은 훨씬 더 길어질 것이다. 우주선 제작자, 여행자, 임무 관리자는 오늘날의 교회 건축위원회보다는 유럽의 성당 제작자처럼 생각해야 할 것이며, 성당 건축에 자주 이용되던 강제 노동 없이 일을 진행해야 한다.

믿기 어렵겠지만, 미국 정부 내에는 장기적인 관점에서 문제를 해결하려 하고, 성간 여행의 경우 그 여행을 가능하게 하는 모임을 만들고자 막대한 자금을 투입하려는 사람들이 있다. 미국 국방고등연구계획국^{DARPA} 산하 연구와 일련의 컨퍼런스로 시작된 100년 우주선 연구는 향후 한 세기 동안 우주여행에 필요한 아이디어, 기술, 사회 변화를 촉진하기 위해 민간단체에 자금을 지원하는 것을 목표로 삼고 있다. 이를 위해, 은퇴한 NASA 우주비행사이자 의사이자 미래학자인 메이 제미슨 박사가 이끄는 단체와 50만 달러의 계약을 체결했다. 제미슨 박사가 이끄는 단체인 '100년 우주선^{100 Year Starship}'은 DARPA의 지원을 받아 우주 커뮤니티에 대담한 항해에 대한 생각을 불러일으켰고, 한때 몇 안 되는 우주 옹호자이자 기술자였던 사람들을 우주 연구와 생각의 주류로 끌어들였다.[3] 이 아이디어는 더 이상 '변두리'에 머물지 않는다.

이는 일반적으로는 우주 탐사, 구체적으로는 성간 여행을 둘러싼 몇 가지 윤리적 의문과 비판을 불러일으킨다.

그럴 돈이 있으면 지구에 쓰는 게 더 좋지 않을까? 간단한 대답은, 그 돈은 모두 우주선을 계획, 제작, 건설하고 비행을 제어하는 회사와 설계자, 개발자, 관리자, 기술자인 사람들에게 지불되고 지구에서 소비된다는 것이다. 진짜 질문은 이것일 것이다. **그 돈을 식량, 쉼터, 의료 서비스를 제공하고 사람들의 일상생활을 개선하는 데 쓰는 게 어떤가?** 이는 어려운 질문이자 또 한 번의 긴 안목을 가져야만 답할 수 있는 질문이다.

내가 이 글을 쓰고 있는 2021년 미국 정부 예산은 약 4조8,290억 달러다. 0을 써서 표현하면 $4,829,000,000이다. 이 중 NASA는 전체의 0.4%인 약 233억 달러를 가져간다. 아폴로 프로그램의 전성기에는 NASA가 전체 예산의 약 4%를 차지했다. 이 책을 읽으면 알게 되겠지만 이렇게 큰 숫자는 거의 의미가 없기 때문에, 나는 강연을 하거나 예산에 대해 토론할 때 이렇게 시각화한다. 1페니를 10억 달러로 표시하면 미국 예산은 4,829개의 페니 더미가 된다. 약 48달러이다. 여기에서 NASA의 23페니를 모두 제거해도 나머지 예산을 구성하는 더미의 크기에는 눈에 띄는 변화가 없다. 현재 우주 탐사에 지출되는 예산은 많은 프로그램에서 반올림할 때 사라지는 정도에 해당된다.

우주 분야에서 일하는 사람들의 급여를 제외하면, 과학과 탐사에 지출되는 돈은 정부나 사회에 즉각적인 금전적 투자 수익을 제공하지는 않지만 매우 가치 있는 무형의 수익으로 돌아온다. 우주가 작동하는 방식과 우리 주변 세계에 대한 지식의 증가가 그것이다. 오늘날 우리가 당연하게 여기는 모든 현대 기술의 혜택 이전에는 그 기술의 근간이 되는 기초연구와 기초과학이 존재해야 했다. 기술은 과학의 응용이다. 우리 선조들이 과학을 위한 과학을 하지 않았다면 전기, 냉장, 항공 여행, 휴대폰, 컴퓨터 등은 없었을 것이다. 100년 전에 수행된 과학에 대한 투자 수익은 지금도 계속 발생하고 있다. 오늘날의 투자는 앞으로 100년 동안은 그 가치를 발휘하지 못할 수도 있다.

우리가 지구의 생물권을 엉망으로 만들었는데 왜 다른 곳으로 가서 그곳까지 엉망으로 만들려고 하는가? 인류가 지구를 넘어 우주로 뻗어나가는 것은 우주 탐사 능력이 있는 국가에 살든 그렇지 않든 지구상의 거의 모든 사람이 공유하는 문화적 가정이었다. 그런데 이는 달라질 수 있다. 독일의 저명한 영화감독인 베르너 헤어초크는 2020년 인터뷰에서 화성에 영구적인 정착지를 건설하는 것을 "불가능한 일"이라고 하며, 우주를 탐험하고 정착하려는 노력에서 "메뚜기처럼 되지 말아야 한다"고 말했다. 그만 그런 것이 아니다. 주로 우주생물학자들이 작성한 의견 기사, 책, 백서 등이 쏟아져 나오고 있는데, 이들은 지구 외 지역으로 생명체를 퍼뜨리는 것을 전면적으로 금지하지는 않더라도 피해야 한다고 주장한다. (과학자들이 생명체의 존재 여부를 확인하기 전에 인류가 화성의 환경을 심각하게 오염시킨다면 재앙이 될 것이라는) 일부 우려는 분명 타당하지만, 달, 소행성, 그리고 공기가 없는 다른 천체의 경우 탐사와 정착을 해서는 안 될 설득력 있는 이유는 없다. 그곳은 생명체가 살 수 없는 세계이며 앞으로도 항상 그럴 것이다.

우리가 아는 한 우리는 우주에서 지각 있는 생명체가 존재하는 유일한 곳에 살고 있다. 많은 전문가들이 다른 형태의 생명체가 다른 별에 존재할 가능성이 높다고 생각하지만, 있더라도 극히 드물고 아주 먼 곳에 있을 것이다. 우주의 대부분은 생명체가 존재하지 않을 것이 거의 확실하고, 대부분의 경우 생명체가 살기에 매우 적대적인 환경이다. 상대적으로 괜찮은 달의 환경부터 시작해서 태양계의 몇 가지 예를 살펴보며 우주에서 자연이 만드는 다양한 수준의 적대적인 환경을 설명해 보겠다. 대기가 사실상 없다는 것(호흡과 같은 간단한 일도 불가능하다)은 제쳐놓더라도, 달 표면은 지구 자기장의 보호를 받지 못하기 때문에 달을 방문하는 사람은 지구에서보다 약 200배 높은 양의 방사선에 노출될 수 있다. 단기적으로는 큰 위험이 아니지만, 시간이 지남에 따라 상대적으로 높은 방사선 노출은 암 발생 위험을 크게 증가시킨다. 우주비행사가 거주지로 유입된 달의 먼지를 흡입할 위험도 있는데, 이는 온갖 종류의 폐 질환과 호흡기 부작용을 일으킬 수 있다. 동부 켄터키에 거주하던 초기 광부들에게 치명적이었던 진폐증을 떠올리게도 한다. 태양계에서 가장 극심한 방사선 환경은 아마도 목성 주변에서 발견될 것이다. 거대한 자기장이 태양풍을 가두었다가 더 강력하게 만들기 때문에, 그곳으로 보내는 우주선은 전자장치의 고장을 방지하고 치명적인 양의 방사선으로부터 승무원을 보호하기 위해 철저히 차폐해야 한다. 나머지 행성, 왜소행성, 소행성, 혜성은 그 중간 정도의 환경을 가지고 있다. 태양계를 넘어 은하계 전체로 눈을 돌리면 지구와 그 주변 모든 생명체를 멸종시킬 가능성이 있는 중대한 위협이 드러난다. 가장 큰 위험은 폭발하는 별인 초신성으로 인한 것이다. 이 장엄한 사건은 우주에서 꽤 자주 발생하며, 우리은하에서는 50년에 한 번 정도 일어난다. 다행히 우리은하가 워낙 크기 때문에 근처에서 일어날 가능성은 약 2억 4,000만 년에 한 번 정도로 낮다. 지구에서부터 약 25광년 이내에서 폭발이 일어나면 태양계로 쏟아지는 방사선이 지구 오존층의 절반 이상을 파괴하고 태양의 해로운 자외선이 지구 표면에 더 많이 도달하게 되어 생물권을 극적으로 변화시키고 또 다른 멸종 사태로 이어질 것이 거의 확실하다.

나를 포함한 많은 사람들은 생명은 좋은 것이며, 생명체가 생존하고 번성할 수 있도록 온갖 노력을 기울여야 한다고 믿는다. 지구 생명체의 역사를 살펴보면서 우리가 배운 한 가지가 있다면, 생명체의 존재를 위태롭게 하는 사건이 실제로 발생한다는 것이다. 과학에 따르면 지난 5억 년 동안 적어도 다섯 번의 대량 멸종 사건이 발생하여 지구상 생물종의 상당수가 멸종했다고 한다. 예를 들어, 약 2억 5,000만 년 전 페름기 멸종 당시 육지에 살던 생물종의 75%와 바다에 살던 생물종의 96%가 멸종했다.[4] 다행히 시간이 지나면서 지구의 생명체는 대부분 회복되었다. 성간 여행과 정착을 주장하는 많은 사람들은 생명체와, 도구를 사용하는 지능적인 종을 보존하고 싶다는 동기를 가지고 있다. 러시아의 로켓 과학자 콘스탄틴 E. 치올콥스키의 말처럼 "지구는 인류의 요람이지만, 영원히 요람에 머물 수는 없다".

그리고 우리 기술 문명의 수명에 대한 질문이 있다. 역사를 공부하는 사람이라면 누구나 알듯이 인류 문명에는 수명이 있다. 문명은 창조되고, 번성하고, 쇠퇴하고, 소멸하며, 종종 그 여파로 오랜 기간 혼란을 남긴다. 우리는 아마도 최초의 전 세계적인 문명 속에 살고 있으며, 코로나19 팬데믹이 우리에게 가르쳐 주었듯이 이 문명은 복잡하고 서로 밀접하게 연결되어 있다. 핵전쟁, 전염병, 기후변화 등 문명을 종식시킬 수 있는 그럴듯한 시나리오가 많다. 문명이 실제로 멸망한다면 그 파편을 줍는 것이 가능할까? 우리는 감히 위험을 감수해서는 안 되며, 생명과 문명이 탄생한 요람을 넘어 그 범위를 확장하기 위해 가능한 모든 노력을 기울여야 한다.

마지막으로, 인간은 완벽하지 않으며 아무리 노력해도 완벽해질 수 없으므로 우리의 삶은 항상 우리가 살고 있는 환경에 영향을 미친다. 이러한 특성은 인간에게만 국한된 것이 아니다. 비버가 건설한 댐이나 메뚜기 떼가 휩쓸고 간 들판을 보라. 차이점이라면 우리는 우리가 환경에 얼마나 영향을 미칠지 선택할 수 있다는 것이다. 우리가 지구 생물권에 끼친 피해의 대부분은 우리가 무엇을 하고 있는지 인식하기 전에 발생했으며, 미래의 영향을 최소화하기 위해 오늘날 많은 노력을 기울이고 있다. 우리가 어딘가에 있는 새로운 세상에 도착할 때, 우리는 처음부터 다시 시작하는 것이 아니다. 그곳에 가는 사람들은 그동안 축적된 지식을 가지고 새로운 세상에서 좀 더 환경을 고려하고 재생에 초점을 맞춘 방식으로 살아갈 수 있는 도구를 갖고 있을 것이다.

성간 식민지화는 마치 '정해진 운명'처럼 들리며, 식민지 시대에 지구에서 일어났고 식민지 이후 시대인 지금도 여전히 일어나고

있는 불의를 계속 자행할 것이다. 이 문제를 해결하는 첫 번째 방법은, 다른 별 주위를 도는 행성에 정착지를 세우는 것은 곧 그곳에서 발견되는 모든 생명체를 정복하는 것이라는 개념을 전면 부정하는 것이다. 나는 우리가 〈스타 트렉 Star Trek〉 핵심 지침과 비슷한 것을 제정할 수 있다고 생각한다. 성간 탐험가들이 외계 문명의 내부적이고 자연적인 발전, 그리고 아무리 원시적이더라도 그곳에서 발견되는 그 어떤 생명체에도 간섭하는 일(이건 내가 추가한 것이다)을 금지하는 것이다. 우리의 정착지는 식민지가 아니고, 생명체가 없는 곳에만 세워져야 한다. 생명은 좋은 것이라는 나의 핵심 철학적 전제로 돌아가서, 지구 밖으로 생명을 전할 수 있는 능력을 가지고 있으면서도 그렇게 하지 않는 것은 부도덕한 일이다. 그러한 행위는 부도덕하고 비윤리적이다.

제1장에서 언급하고 앞의 논의에서 재확인했듯이, 우리가 별에 가려면 크게 생각해야 한다. 큰 거리(횡단해야 할 거리), 큰 에너지(우주선이 빠르게 이동하기 위해), 큰 인프라(우주선 개발, 제작, 추진), 큰 시간(여행자와 그들을 지원하는 지구 사람들 모두에게 인간의 일생보다 훨씬 긴 목표에 대한 약속), 큰 비용(그러한 사업은 비용이 많이 들 테니), 큰 열망(우리 자신뿐만 아니라 미래에 대한 생각)이다.

제4장

로봇을 보낼까, 사람을 보낼까, 아니면 둘 다?

우리의 비행은 별을 향한 것이 아니라
우리 존재의 본성을 향한 것이어야 한다.
우리가 순례를 떠날 때 중요한 것은 알파 센타우리냐 베텔게우스냐처럼
단순히 어디로 가느냐가 아니라 우리가 어떤 존재냐이기 때문이다.
우리의 본성도 그곳으로 갈 것이다.

—필립 K. 딕

몇 년 전 나는 텍사스 휴스턴에서 달과 행성 연구소Lunar and Planetary Institute가 주최한 화성 탐사 컨퍼런스에 참석했다. 전체 세션 중 하나에서 내가 가장 좋아하는, 이 장의 주제와 밀접한 관련이 있는 주제가 발표되었다. 화성 탐사를 로봇으로 계속할 것인가, 아니면 사람을 보낼 것인가? 이 회의는 전적으로 우주 과학자와 공학자들이 참석한 기술 회의로, 이들은 며칠 동안 인간과 로봇 화성 탐사에 적용할 수 있는 기술 및 시스템을 설명하는 매우 상세한 논문을 발표했다. 이번 회의에는 300명 이상의 사람들이 참석했다.

이 주제에 대해 토론하는 패널들이 방의 맨 앞자리에 앉아있었고, 양측 모두 자신의 견해를 뒷받침하는 증거를 제시하며 열띤 토론을 벌였는데, 상대방이 어떻게 자료를 오해하고 동의하지 않을 수 있는지 이해하지 못하는 것 같았다. 나는 오랫동안 우주 커뮤니티의 일원으로 활동하면서 이 주제에 대한 논쟁을 들어왔고 관련

기사와 논문을 읽었기 때문에 토론에 어느 정도 익숙해져 있었다.

무대와 패널을 마주 보고 있는 강당 앞에는 한 사람을 위해 예약된 자리라는 흰색 팻말이 붙은 빈 의자가 하나 있었다. '버즈Buzz'의 자리였다.

토론이 시작되고 약 20분 후, 예약된 좌석의 주인공이 방에 들어와 자리에 앉았다. 물론 그 사람은 달에 두 번째로 발을 디딘 버즈 올드린이었다. 나는 토론에 전적으로 참여하진 않았고, 올드린의 등장 때문에 토론에 집중하지 못한 채 그를 지켜보고 있었다. 나만 그런 게 아닌 것이 분명했다. 올드린은 토론을 5분도 채 듣지 않고 자리에서 일어났다.

버즈 올드린이 말을 하기 위해 일어서자 사람들의 이목이 집중되었다. 패널들은 누가 시키지도 않았는데 발언을 멈추고 모두 이 나이 든 달 탐험가(방에 있던 모든 사람이 이야기하고 있는 것을 경험한 몇 안 되는 사람 중 한 명)에게 시선을 돌렸고, 모두 숨을 죽이며 그가 어떤 이야기를 할 것인지 기다렸다. 나는 녹음을 하지는 않았지만 꽤 집중하고 있었고, 내가 기억하기에 그는 이렇게 말했다.

"저는 60년대 초에 우주비행사 프로그램에 선발되었을 때부터 이 토론에 참여했습니다. 양측의 주장을 모두 들었지만 저는 한 가지 질문을 하고 싶습니다. 패널이 아니라 청중에게 묻고 싶습니다." 올드린은 청중석에 앉은 우리들을 향해 몸을 돌리면서 말했다. 내가 보기에 청중은 인간 대 로봇 토론에서 양쪽으로 꽤 균등하게 나뉘어 있었다. 올드린은 기대감을 높이고 극적인 효과를 내기 위해 잠시 멈추었다. 그러고는 질문을 던졌다.

"화성 편도 여행이 가능하다면 여러분 중 몇 분이나 지원할까요?"

놀랍게도, 우주여행의 위험성과 극도로 열악한 화성의 환경을 충분히 이해하고 지구 곳곳에 친한 친구나 가족 네트워크를 가지고 있을 게 분명한 과학자와 공학자들이 모인 이 자리에서 약 70%가 손을 들었다. 그중에는 불과 얼마 전까지만 해도 로봇 탐사만을 고집하던 사람들도 있었다. 70%(조금 많거나 적음).*

그 순간부터 논쟁의 기조는 '둘 중 하나'라는 명제에서 '적절한 시기에 둘 다'로 바뀌었다. 우주 탐사가 시작된 이래로 확립된 패턴처럼, 우리가 태양계를 벗어나 그 너머를 탐험하기 시작할 때도 이러한 경향은 계속될 것이다. 먼저 원격 정찰을 수행하고, 그 후 로봇 탐험가들을 보낸 다음 사람들이 그 뒤를 따를 것이다. 우주로 날아갔다가 돌아온 관측 로켓은 궤도 비행을 시도하기 전 안전성을 증명하기 위해 과학 기기를 싣고 비행했다. 유리 가가린과 발렌티나 테레시코바가 비행하기 전에는 스푸트니크와 익스플로러 1호라는 두 대의 로봇 우주선이 지구 궤도를 돌았다. 로봇 착륙선 레인저 시리즈는 닐 암스트롱과 버즈 올드린보다 먼저 달에 갔다. 화성에서의 수많은 로봇 탐사 임무는 서서히 인간이 따라올 수 있는 길을 열어가고 있다. 성간 탐사도 마찬가지일 것이다. 아마도 첫 번째 임무는 목표 항성계를 광속의 10%(정말 빠른 속도)로 비행

---

* 나는 손을 들지 않았다. 3년 정도의 화성 왕복 여행에는 기꺼이 지원하겠지만, 화성으로 가서 가족, 친구, 탁 트인 하늘, 나무, 지구의 경이로운 아름다움과 떨어져 평생을 살고 싶지는 않다.

하는 로봇 우주선이 될 것이며, 도착한 후 속도를 늦추는 데 필요한 온갖 추진 장치를 탑재하는 데 신경 쓰지 않아도 될 것이다. 그런 다음 첫 번째 정착민이 목적지로 출발하기 전, 인간이 정착하기에 유망해 보이는 행성에 로봇 우주선이 가서 속도를 늦추고 선회하고 착륙한 뒤 수집한 과학 정보를 지구로 전송할 것이다. 그래야만 인간 승무원이 탑승한 우주선이 같은 여정을 시작할 수 있다.

사람을 별로 보내는 것은 로봇 탐사에 비해 훨씬 더 복잡하고, 훨씬 더 큰 우주선이 필요하며, 훨씬 더 많은 비용이 들고, 더 오래 걸리고, 위험으로 가득 차있다. 그렇다고 해서 사람을 보내겠다는 생각을 포기할 이유는 전혀 없다! 오히려 로봇 탐사선을 먼저 보내 탐사 결과를 지구로 전송하게 해야 한다는 생각에 힘을 실어준다. 우리의 기계들은 매년 성능이 향상되면서 훨씬 더 유용해지고 자동화되고 있다. 여기서부터 시작하는 것이 합리적이지만 이러한 접근 방식에는 한계가 있다는 점도 인식해야 한다.

우리는 로봇을 이용한 화성 탐사를 통해 '로봇 먼저, 사람은 나중' 전략의 한가운데에 서있다. 1965년 미국의 매리너 4호 우주선은 화성을 성공적으로 근접 비행하여 붉은 행성의 근접 사진을 최초로 지구로 전송함으로써 행성 천문학을 영원히 바꾸어 놓았다. 소련은 1971년 마스 2호 임무를 통해 최초로 화성 궤도에 우주선을 진입시켰으며, 화성 표면에 탐사선 착륙을 처음으로 시도했다. 안타깝게도 착륙선은 하강 과정에서 추락하여 실패했다. 그해 말에 다시 시도하여 성공했지만 불과 14초 만에 착륙선의 통신 시스템이 고장 나고 말았다.

1976년 NASA는 쌍둥이 바이킹 우주선을 화성에 보냈다. 우주선들은 화성에 도착해서 각각 두 부분으로 분리되었다. 착륙선과, 우주에 남아 행성을 돌며 지구와의 전파 중계 역할을 수행하는 궤도선이었다. 착륙선에는 다양한 과학 실험 장비가 실려있었는데, 그중 일부는 화성의 토양에서 생명체의 흔적을 찾기 위해 고안된 것이었다. 각 착륙선의 무게는 600kg(추진제 제외)에 달했고, 착륙선이 지구로 보내준 자료는 붉은 행성에 대한 우리의 이해를 새롭게 해주었다. 미국의 그다음 착륙선인 패스파인더Pathfinder(착륙 당시 무게 360kg)는 1996년에야 도착했고, 최초의 화성 탐사 로버인 바퀴 6개 달린 이동식 과학 실험실을 실어 보냈는데, 이 로버는 한 번의 착륙으로 탐사할 수 있는 표면 면적을 반경 100m의 원으로 확장시켰으며, 이 범위를 제한한 것은 로버와 착륙선 사이의 통신 능력뿐이었다. 그 이후로 일련의 궤도선이 화성에 도착했으며, 운영 수명은 며칠이나 몇 달이 아니라 10년 단위로 측정되었다. 여러 대의 착륙선과 로버가 훨씬 더 정교한 과학 기기를 싣고 착륙 지점에서 40~50km 범위의 표면을 탐사하기 시작했다. 최초의 로봇 비행선과 헬리콥터가 도착하면서 표면 탐사 범위는 극적으로 증가하고 있다.

점점 더 작은 질량으로 점점 더 많은 능력을 발휘하는 로봇 행성 탐사의 비슷한 사례는 태양계의 거의 모든 행성에서 볼 수 있다. NASA는 곧 로봇 사절단이 실시간에 가까운 고화질 영상을 보내 지구에 있는 과학자, 탐험가, 모험가 들이 가상으로 함께 탐험할 수 있도록 하는 새로운 우주 통신 시스템을 시험하고 있다. 우주선이 점점 더 작아지고, 점점 더 성능이 향상되고, 머지않아 가장 가까운 별까지 이동할 수 있는 추진 시스템을 갖추게 될 것이라고 상상하기는 어렵지 않다.

하지만 아직 극복해야 할 문제들이 남아있다. 우리의 로봇 탐험가들은 아직 완전히 자동화되지 못했고 비행 중 생기는 문제를 해결할 수 있는 능력도 부족하다. 화성 로버는 지구에 있는 팀에 의해 세심하게 제어되며, 지구의 팀은 탐사선에 짧은 명령을 보낸 다음 응답을 기다렸다가 다음에 해야 할 일을 알려준다. 지구와 화성은 태양 주위를 독립적으로 돌기 때문에 빛의 속도는 지구와 화성의 상대적 위치에 따라 명령을 주고받는 시간을 3분에서 21분까지 제한시킨다. 최신 로버는 이전보다 자동화가 향상되긴 했지만 100% 독립적으로 작동하려면 아직 갈 길이 멀다.

그리고 직관의 문제도 있다. 맬컴 글래드웰은 저서 《블링크Blink》에서 전문적인 직관에 대해 훌륭한 설명을 한다.[2] 이 책의 서문은 글래드웰이 말하는 '눈 깜짝할 사이'의 의미를 가장 잘 설명하고 있다. "《블링크》는 우리가 생각하지 않고 어떻게 생각하는지, 순간적으로(눈 깜짝할 사이에) 이루어지는 것처럼 보이는 선택이 실제로는 생각만큼 간단하지 않다는 것에 대한 책이다."

이 주제와 관련하여 가장 눈에 띄는 사례는, 기술 컨퍼런스에서 아폴로 우주비행사 해리슨 슈미트가 전해준 이야기다. 슈미트는 1972년 아폴로 17호 임무에서 달 위를 걸었으며, 지질학자로서 달을 방문한 유일한 전문 과학자라는 특이한 이력을 가지고 있다. 우주비행사가 달 위를 걸을 때, 달 착륙선 밖에서 보내는 동안에는 영상 자료와 우주비행사가 주는 정보를 이용해 의사 결정을 도와주는 지구의 관제사가 철저하게 스크립트를 작성하고 안내했다. 추정할 수 있겠지만, 밖에서의 시간이 제한되어 있었기 때문에 지구로 가져가기 위한 샘플을 수집하는 데는 1분 1초가 아까웠다. 마지막 달 탐사 임무였기 때문에 아폴로 17호 승무원 사이에는 긴박감이 더욱 고조되었고, 수집한 샘플은 꽤 오랜 시간 동안 지구로 가져간 마지막 샘플이 될 것이었다. 샘플을 채취하는 동안 슈미트는 관제 센터로부터 특정 위치에서 샘플을 채취하라는 지시를 받았다. 그는 그곳을 향해 걸어가던 중 훨씬 더 의미 있고 흥미로워 보이는 암석을 발견하고는 (순간적으로) 그곳에서 샘플을 채취하기로 결정했다. 현장에 있던 숙련된 지질학자의 눈에 띄었던 이 샘플은 불과 몇 미터 떨어진 곳에 있었지만, 원격으로 현장을 지켜보던 팀은 놓치고 있었다. 이는 결국 달 여행에서 가져온 것들 가운데 과학적으로 가장 중요한 샘플 중 하나가 되었다. 가까운 미래에 한해서는 이러한 유형의 결정을 내리는 데에서 어떤 컴퓨터도 직관력과 '순간적인 판단' 능력을 갖춘 인간의 정신을 따라올 수 없을 것이다.

마지막으로 탐험의 경험적 측면이 있다. 루브르박물관의 고화질 가상 투어를 통해 〈모나리자〉를 볼 수 있다고 해도, 사람들은 여전히 루브르박물관에 가서 직접 전시물을 보기 위해 돈을 쓰고 인파에 맞서 싸운다. 몇 년 전 오스트레일리아를 방문했을 때, 해 질 녘 12사도 조각상(멋진 해안 암석으로 만든 것)을 본 것은 아내와 나에게 감동적인 경험이었다. 다른 사람이 찍은 사진은 적절한 대체물이 될 수 없다. 비슷하지도 않다. "너도 여기 있었으면 좋았을 텐데!"라는 글과 전송된 멋진 사진에 만족할 사람들은 많지 않을 것이다. 당연히 직접 가서 그곳을 보고 싶어 하지 않겠는가.

인간의 수명을 연장시키는 획기적인 기술이 개발되지 않는 한, 성간 우주선을 타고 지구를 떠난 정착민들은 목적지에 도착할 때까지 살아있지 않을 것이다. 잠시 멈추고 생각해 보자. 성간 탐사선에 탑승한 사람들은 우주에서 가장 위험한 환경을 통과해, 아무도 실제로 본 적이 없고 지구의 생명을 유지하기에 적합할 수도 적합하지 않을 수도 있는 목적지까지 이동하는, 인공적으로 만들어진 실패하기 쉬운(인간이 만든 것은 무엇이든 실패할 가능성이 있기 때문에) 우주선에서의 생활에 적응하게 될 것이다. 그러니까 사람을 보내야 하는 강력한 이유가 있다. 그렇다면, 기술적 과제가 해결되고 우주선을 만들 능력을 갖게 되었다고 가정했을 때 고려해야 할 또 다른 사항은 무엇일까?

어느 누군가가 얼마나 많은 사람을 보낼지 결정하고 누구를 보낼지 선택하게 될 것이다. 놀랍게도, 필요한 유전적 다양성을 제공하고 운송 중 예상치 못한 재앙을 극복하는 데 필요한 최소 인원에 대해 논의하는 수많은 논문이 발표되었다. 예상할 수 있겠지만, 다른 측면에 초점을 맞춘 연구마다 매우 다른 해답을 제시한다.

인구유전학자들은 현재의 유전학에 대한 이해의 렌즈를 통해 문제를 바라보고, 유전의 수학적 모형을 개발하고, 시작하는 인구의 특성을 기반으로 미래의 변이를 추정한다. 우리 주변의 세계와 역사를 살펴보는 것으로도 많은 걸 배울 수 있다. 환경보호 단체와 생물학자들은 멸종 위기에 처한 야생동물 개체군을 조사하고, 몇 년에 걸친 지속적인 관찰을 통해 현재 개체군과 비교하여 자신들의 예측을 평가한다. 인류학자들은 인류의 역사, 이주, 그리고 고립된 것으로 알려진 인구의 역사적 유사성을 조사하여 어떤 집단이 성공적이었는지, 그 이유는 무엇인지 알아낸다.

우주선의 경우 탑승자의 수는 수백에서 수십만 명에 이르며, 많은 연구에서 1만 명의 정착민이 가장 합리적이라는 결론을 내리고 있다.[3] 물론 현대의 생명과학은 도착한 후에 여러 세대에 걸쳐 수정시킬 수 있는 수천 개의 냉동 인간 배아를 화물로 보내는 것과 같이 유전적 다양성을 보장하는 다른 선택들도 제공한다.*

전통적인 우주선의 형태는 중력가속도를 모방한 가속도를 제공하기 위해 긴 축을 중심으로 천천히 회전하는 긴 원통형을 선호한다. 이렇게 하면 승객이 '야외'에 있을 때 머리 위로 탁 트인 하늘을 볼 수 있어, 작은 칸과 극히 제한된 공간을 가진 오늘날의 우주선과 같은 형태에서 느낄 수 있는 밀폐감을 어느 정도 해소할 수 있다. 우주선의 궁극적인 크기는 승무원 규모에 따라 달라지겠지만, 현재로서는 지름이 약 0.8km, 원통 길이는 수 킬로미터에 달할 것으로 예상된다.

어떤 사람들은 소행성의 속을 비워서 거주 공간을 만들고 추진 시스템을 추가해 태양계를 벗어나 목적지를 향해 천천히 보낸다면

---

* 이는 완전함을 위해 반드시 포함되어야 하는 선택지이긴 하지만, 나는 종교적 도덕적 이유로 이것을 지지하지 않는다.

이러한 거대한 우주선을 더 쉽게 만들 수 있다고 믿는다. 이렇게 하면 전부는 아니더라도 대부분의 우주선cosmic rays이 내부에 탑승한 승무원에게 도달하기 전에 소행성 물질에 의해 차단되어 방사선 차폐 문제를 해결하는 데 확실히 도움이 될 것이다.

모양에 관계없이 이런 우주선은 엄청나게 클 것이다. 개인당 거주 공간, 생존과 건강을 유지하는 데 필요한 보급품, 방사선과 우주선으로부터 보호해 주는 차폐막, 불을 켜는 전력, 추진 시스템과 필요한 추진제, 그리고 모든 것을 하나로 묶는 데 필요한 구조물까지 고려하면 그 규모가 어마어마해 보이기 시작한다. 어마어마하다는 거지 불가능하다는 뜻은 아니다. 그저 어려울 뿐이다.

사람들(여행하는 동안 깨어있는 사람들)을 우주로 데려다줄 우주선에는 지구와 비슷한 중력, 숨 쉴 수 있는 공기, 마실 수 있는 물, 생활하고, 일하고, 먹고, 사교하고, 놀 수 있는 공간, 그리고 여행 기간 동안 승무원의 생존을 유지하는 데 필요한 온갖 시스템과 같은 여러 가지 필수적인 것들이 실려있을 것이다. 예상할 수 있듯이, 이러한 요구 사항을 종합하면 매우 큰 우주선이 될 수밖에 없다.

세계 우주선에서의 생활에 대한 논의에서는 물리학, 생물학, 공학에 기반한 다양한 기술의 현실적인 미래는 물론 심리학, 사회학, 정치학까지로 생각을 전환해야 하며, 여기에 약간의 윤리와 철학이 더해져야 한다.

우주여행과 관련해서 장기간의 고립이 소규모 인구에 미치는 심리적 영향을 이해하기 위해 승무원이 한 번에 최대 1년 동안 국제우주정거장ISS에 머물렀던 지난 20년간의 NASA 자료를 참고하고 싶을 수도 있다. NASA는 3년 동안 화성을 왕복하는 일이 승무원에게 심리적으로 어떤 영향을 미치는지에 관한 연구에도 자금을 지원했다. 이 자료는 확실히 유용하지만, 불과 5명으로 구성된 국제우주정거장 승무원보다 세계 우주선의 인구가 훨씬 많을 테니 아주 적합하지는 않을 것이다.

많은 사람들이 대규모 인원이 대부분 자체적으로 유지되는 함정 안 좁은 공간에 배치되어 한 번에 몇 개월 동안 다른 사람들과 격리되는 해군으로 시선을 돌린다. 6,000명 이상의 승무원이 탑승하는 미 해군 항공모함은 1만 명 이상의 승무원이 탑승하는 세계 우주선과 가장 유사할 수 있다. 평생 바다에 고립되어 있는 것은 아니지만, 한 번에 1년 이상 바다에서 지내는 것은 많은 젊은이들에게 평생처럼 **느껴질** 수 있다. 세계 우주선 설계자가 설계 과정에서 반드시 공부해야 할 이 주제에 관한 글이 우주여행과 무관한 저널들에 많이 실려있다.

해군에 대해 이야기한다면, 선상 문화는 어떨까? 군대에서 군대식 규율에 따라 배를 띄우듯 우주선을 보내는 것은 상상하기 어렵다. 우주여행을 위해 선발된 사람들은 일반적인 인구만큼이나 다양할 테니, 남은 생을 엄격한 군대 규율을 따르며 보낼 것 같지는 않다. 설사 그것이 초기 승무원들에게는 효과가 있었다고 해도 그들의 자녀들은 어떨까? 선장의 딸이 다음 선장이 되기 위한 훈련을 받을까? 요리사의 아들은 일생 동안 승무원들을 위해 음식 만드는 일을 하게 될까? 아마도 정착민들이 채택한 교육 시스템을 마친 미래 세대는 이러한 역할을 수행하기 위한 경쟁 과정을 거칠 것이다.

어떤 종류의 위계질서가 있어야 할 텐데, 그것은 어떤 모습일까?

어떤 형태든 안전에 중점을 두어야 한다. 좋든 싫든 사람은 예측할 수 없는 존재이며, 승무원이 받는 심리적 스트레스가 상당할 테니 일부는 돌발 행동을 할 수도 있다. 도덕적, 종교적, 정치적, 철학적 이유로 우주선 문화에 부정적으로 반응하며 우주선 및 승객의 건강과 안전에 해로운 행동을 하는 사람도 있을 수 있다. 지구에서와 달리 우주선에서는 불만을 품은 승객이 갈 곳이 없다는 점을 기억해야 한다. 그리고 우주선이 아무리 견고하게 설계되었더라도 의도적으로 피해를 입히려는 사람을 막을 수는 없다. 악의를 가진 한 사람이 우주선 전체를 파괴할 수도 있다.

비행기 여행을 생각해 보자. 초창기에는 사람들이 항공권을 구입하고 탑승할 때 가족이나 친구들이 활주로를 가로질러 비행기로 올라가는 계단까지 데려다줄 수 있었다. 그러다가 1960년대와 1970년대에 비행기 납치가 빈번하게 발생하면서 공항 보안이 강화되고, 총 같은 명백한 무기를 탐색하기 위해 금속 탐지기를 사용하게 되었다. 이것은 9/11 테러를 일으키려는 의도를 가진 몇몇 사람들이 테러를 저지르기 전까지는 잘 작동했다. 이제 비행기 여행객은 여러 차례 신원 확인을 받고, 전신 촬영 카메라와 금속 탐지기를 통과하고, 가방을 검사받고, 경우에 따라서는 전신 검색을 거쳐야 비행기에 탑승할 수 있다. 비행 중 난동을 부리거나 위협을 느낀 승객으로 인해 비행기가 우회했다는 소식이 일주일이 멀다 하고 들려온다. 우리는 비교적 가까운 목적지에 도착하고자 몇 시간 동안 동료 승객의 안전을 위해 상당한 불편을 감수하고 개인의 자유를 자발적으로 포기할 수 있다. 하지만 사람들이 **평생 동안** 그와 비슷한 희생을 기꺼이 감수할까? 이러한 문화는 새로운 보금자리를 향한 우주여행보다는 경찰국가에 더 가까워 보인다.[4]

여정 중에 태어난 아이들은 어떻게 될까? 여행 시간이 인간의 일생보다 훨씬 길다면 여러 세대가 우주선에서 평생을 살게 될 수도 있다. 특히 지구의 광활한 바다와 푸른 하늘, 초록빛 땅에 대해 알게 된 뒤에는 새로운 세계에 정착하고 싶어 하지 않을 가능성도 얼마든지 있다. 그들에게 부모나 조부모의 꿈을 이루도록 강요하는 것이 과연 윤리적일까?*

용감한 성간 정착민들의 후손들이 프록시마 센타우리 B 행성에 도착해서 그곳의 흙에 외계 미생물, 오직 미생물만 살고 있는 것을 발견한다면 어떻게 될까? 그들은 그곳에 착륙해서 정착지를 건설하고, 인간과 세균뿐만 아니라 지구에서 가져온 식물과 동물도 정착시킬까? 그곳에 도착한 뒤 거기 살고 있는 동물 생명체를 발견할 경우, 지각은 없지만 몇몇 사람들은 미래에 지각 있는 생명체가 될 수 있다고 주장하는 동물 생명체를 발견할 경우 윤리는 더욱 미묘해진다. 다음에 무엇을 할지는 누가 결정할 것인가? 정착민들? 아니면 첫 정착민들은 동의했지만 선택권이 없었던 그들의 생물학적 후손들은 동의하지 않은, 그들이 떠나기 전에 만들어진 대통령령

---

* 개인적으로는 우주선에서의 자녀 양육 윤리에 대한 명확한 흑백논리가 있다고 생각하지 않는다. 나는 미국에서 태어나 평생을 살아왔다. 내가 여기서 태어나기를 원했나? 영국이나 일본에서의 삶보다 미국에서의 삶을 선택했을까? 이는 논쟁의 여지가 있는 문제이며, 우리가 사람들을 세계 우주선에 태워 별로 보낸다면 그 과정에서 태어난 아이들도 논쟁할 만한 문제일 것이다.

과 같은 어떤 지침?

이것들은 쉽게 답하거나 해결할 수 없는, 수많은 과제가 걸린 큰 질문들이다. 그리고 로봇을 먼저 보낸다는 개념을 포함하여 우리가 직면한 몇 가지 기술적 과제를 먼저 해결하지 못한다면 이 모든 것이 무의미해진다. 첫 번째이자 가장 중요한 과제는 추진력이다. 카누 단계에서 벗어나 최초의 범선이나 모터가 달린 보트와 배를 만들려면 어떻게 해야 할까?

제5장

로켓으로
목적지에 도착하기

차에서 우리는 저 멀리 불빛을 받으며 빛나는
오벨리스크와 같은 로켓을 볼 수 있다.
물론 실제로는 폭발성 연료가 가득 실린 4.5메가톤급 폭탄이기 때문에
다른 사람들은 모두 멀리 달아나고 있다.

―크리스 해드필드(우주비행사)

항성 간 임무를 수행하는 데는 수많은 도전 과제가 있는데, 그중 첫 번째는 추진력이다. 승무원이 있든 없든 우주선을 합리적인 시간 내에 다른 항성계로 보낼 수 없다면 그 밖의 기술을 개발해서 뭘 하겠는가? 이런 이유로 두 장에 걸쳐 추진 기술 후보에 대해 논의하고, 어떤 기술이 가능하고 어떤 기술이 가능하지 않은지 이유를 설명할 것이다. 이 장에서는 로켓 추진을 통해 추진력을 만들어내는 우주선에 초점을 맞출 것이다.

로켓은 한 방향으로 일종의 추진제를 분출해서 우주선이나 차량이 반대 방향으로 움직이게 하는 추진력을 제공하는 것이다. 스케이트보드 위에 서서 농구공을 한 방향으로 던지면, 보드가 공을 던진 방향의 반대 방향으로 약간 굴러가면서 간단한 로켓 추진력을 경험할 수 있다. 다른 예는 대부분의 사람들이 어렸을 때 해본 기억이 있는 것이다. 풍선을 분 다음 묶지 않은 채로 방 안을 날아다니게 하는 것(뭔가를 깨뜨리지 않기를 바라면서). 풍선에서 나오는 공기는 로켓의 추진제이며, 풍선 자체가 추진되는 로켓이다. 과학자들은 이를 로켓 **시스템**의 운동량과 에너지라는 개념으로 수학적으로 정리한다. 운동량과 에너지를 모두 합치면(예를 들어, 손에서 놓기 전의 풍선과 풍선 안의 공기, 그리고 날아간 후의 풍선과 풍선 밖으로 배출되는 공기) 총 값이 변하지 않는다는 것도 포함된다. 앞의 스케이트보드의 경우, 던진 농구공의 질량×속도는 스케이트보드 바퀴와 지면 사이의 마찰을 고려하지 않는다면 사용자+스케이트보드의 질량×속도와 같아야 한다. 사용자+스케이트보드가 농구공보다 질량이 크기 때문에, 공은 훨씬 더 빠르게 움직이는 데 비해 결과적으로 사용자+스케이트보드의 속도는 작아진다. 로켓도 다르지 않다. 풍선의 로켓 추진은 그림 5.1에서 확인할 수 있다.

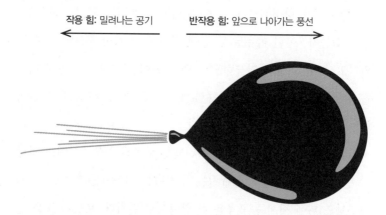

작용 힘: 밀려나는 공기   **반작용 힘**: 앞으로 나아가는 풍선

그림 5.1. 간단한 로켓. 사람들이 가장 먼저 접하는 로켓 추진의 예 중 하나는 어렸을 때 풍선을 분 다음 끝을 묶지 않고 손에서 놓기만 하면 풍선이 날아다니며 무작위 곡예를 하는 것이다. 이 그림은 공기가 빠져나가는 풍선을 보여준다. 왼쪽으로 이동하는 공기(이 단순한 로켓의 추진제)에 의해 만들어진 힘은 오른쪽으로 이동하는 풍선과 균형을 이루므로 전체 운동량의 변화는 없다(작용과 반작용이 서로 균형을 이룬다).

우주선을 가속하는 힘은 추진제의 질량과 엔진에서 추진제가 방출되는 속도에 따라 달라진다. 고려해야 할 또 다른 요소는, 추진제가 소모됨에 따라 로켓의 질량이 감소하여 결과적으로 우주선 운동량 계산이 조금 더 어려워지고 미적분이 필요해진다는 것이다. 로켓 방정식이라고 불리는 이 방정식은 현재 우리 우주 탐사 노력의 거의 모든 요소에 적용되고 있다. **방정식**이라는 단어를 사용하는 것에 대해서는 걱정하지 마시라. 고등학교 대수학과 관련한 악몽을 꾸게 하려는 건 아니다! 로켓 방정식에서 주목해야 할 중요한 점은 이것이 어떻게 높은 속도를 달성하는 데 필요한 추진제의 양에 극적인 영향을 미치느냐다. 특정한 속도 변화(가속도라고도 한다)를 달성하는 데 필요한 추진제의 양은 방출 속도가 높지 않으면 급격히 증가한다. 추진제의 방출 속도가 높을수록 주어진 양의 추진제로 더 큰 가속을 만들어 낼 수 있다. 여기서 주목. 로켓 방정식은 추진제(주로 질량)와 방출 속도가 추력과 어떻게 관련되는지 알게 해준다. 추력은 로켓을 특정 속도로 움직이게 하는 힘이며, 그 속도는 우주선의 질량과 결합해 우주선이 움직일 때 얼마나 많은 운동에너지를 가지고 있는지 알려준다.* 핵심은 이것이다. **우리는 성간 임무와 같은 주어진 임무와 관련해서, 추진 시스템의 에너지**

---

* 운동에너지의 개념은 우리가 물리학을 하고 있다는 사실조차 깨닫지 못한 채로도 누구나 쉽게, 직관적으로 알 수 있다. 총알을 생각해 보자. 총을 쏘면 총알이 매우 빠르게 움직이기 때문에 맞는 대상에 큰 피해를 입힐 수 있다. 이제 같은 총알을 총으로 쏘는(카트리지의 화약에 불을 붙여서 총알을 로켓으로 바꾸는) 대신 같은 목표물에 던진다고 생각해 보자. 총알이 던져진 목표물에 미치는 영향에는 엄청난 차이가 있을 것이다. 사람은 폭발하는 카트리지와 총만큼 빠르게 총알을 발사할 수 없으므로 던진 총알은 운동과 관련된 에너지가 작고 그래서 훨씬 적은 피해를 입힌다.

를 우주선의 운동에너지로 가장 효율적으로 변환하여 최종 속도에 도달하게 함으로써 이동 시간을 최소화하는 로켓 유형을 찾고자 한다.

로켓 발사의 강력한 힘과 장엄함에 경외감을 느끼지 않는 사람이 있을까? 내가 처음 직접 본 것은 야간 발사였기 때문에 더욱 장관이었다. 우주왕복선 엔데버Endeavor는 2000년 12월 1일 밤 지구 저궤도에서 열흘간의 임무를 수행하기 위해 케네디우주센터를 떠났다. 나는 초대된 사람이었기 때문에 (당연히 안전상의 이유로) 관람객을 허용하는 한도 내에서 VIP 구역에서 관람할 수 있었다. 카메라가 있었지만 주최 측에서는 카메라를 사용하지 말아달라고 했다. 발사 장면의 사진과 동영상을 받을 수 있으니 그냥 보고 체험하는 것이 좋을 거라고 했다. 주 엔진이 시동되고 고체 로켓 모터가 점화되자 우주왕복선은 대서양 상공을 가로지르며 점점 빠르게 하늘로 올라갔다. 나는 울고 말았다(많은 사람들이 눈물을 흘렸다. 감동적인 경험이었다).

수치는 인상적이다. 발사 당시 우주왕복선, 외부 탱크, 고체 로켓 부스터, 그리고 모든 추진제의 총 무게는 약 200만kg이었다.[2] 로켓이 이륙하려면 높은 추력을 가져야 한다. 추력은 로켓의 추진제가 가하는 힘으로 생각할 수 있다. 로켓이 한 방향으로 가려면 로켓 추진제가 반대 방향으로 나가야 한다는 사실을 기억하라. 이 경우 로켓이 위로 올라가기 위해서는 추진 기체가 로켓을 밀고 아래로 향해야 한다. 지구 중력을 벗어나려면 로켓의 추력이 로켓의 무게 (지구 중력에서의 질량)보다 커야 하며, 로켓 과학자들은 이 비율, 추력/중량을 사용해 로켓의 성능을 정한다. 이 비율이 높을수록 로켓이 지구 중력을 더 잘 벗어나 위로 올라갈 수 있다. 우주왕복선의 엔진은 발사대에서 이륙하는 데 필요한 추력/중량이 부족했기 때문에 설계자들은 필요한 추진력을 추가로 제공하기 위해 2개의 고체 로켓 모터를 포함시켰다. 각 고체 로켓 모터는 1,250만N(뉴턴)의 추력을 낼 수 있었다. 2개의 고체 로켓 모터의 추력에 주 엔진의 추력이 더해지자 우주왕복선은 이륙하여 우주로 향할 수밖에 없었다. 고체 로켓은 약 2분 후 (추진제가 바닥나면) 분리되고, 주 엔진이 추력을 공급하여 우주왕복선을 시속 약 5,000km에서 단 몇 분 만에 시속 27,000km 이상으로 가속해 궤도에 안착시켰다.

잠시만 생각해 보라. 우주왕복선은 정지 상태에서 궤도에 도달하는 데 약 8분밖에 걸리지 않았다.

인상적이긴 하지만, 우주왕복선이나 새턴 V, 스페이스엑스의 팰컨 9를 발사하는 화학 로켓은 우주선을 다른 항성계에 도달하는 데 필요한 속도로 가속하는 일에는 전혀 적절하지 않으며, 태양계를 벗어나는 첫발을 내딛는 일에도 별로 적합하지 않다. 왜 그럴까? 화학 로켓은 높은 추력을 달성하고 중력을 벗어날 수는 있지만, 최고 성능으로 작동하더라도 그다지 효율적이지 않다. 로켓 연소실에서 추력을 얻기 위해 실제로 일어나는 화학결합 과정에서 추출할 수 있는 에너지가 한정되어 있기 때문이다. 예를 들어, 우주왕복선의 주 엔진은 액체수소와 산소를 연소하여 추력을 만들어 낸다. 우주왕복선 궤도선에 부착된 대형 외부 탱크에는 약 1,500,000리터의 액체수소와 약 550,000리터의 액체산소가 들어

있었다. 이 모든 추진제는 우주선을 궤도에 올려놓기 위해 사용됐으며, 외부 탱크는 궤도에 도착하기 직전에 버려졌다. 펑! 8분 만에 2,000,000리터 넘는 액체 추진제가 사라진 것이다. 여기에 고체 로켓 모터에서 연소된 약 500,000kg의 고체 로켓 추진제를 더하면 비효율적인 시스템임을 알 수 있다. 오해하지 말라. 높은 추력/중량을 가진 로켓은 지구 표면에서 우주로 이동하는 데 가장 좋은 수단이다. 하지만 일단 우주에 도착하고 그다음 수백만, 수십억, 심지어 수조 킬로미터를 이동하려면 훨씬 높은 에너지밀도(사용 가능한 에너지/추진제 kg)를 가진, 훨씬 효율적인 다른 무언가가 필요하다.

우주 추진 전문가*들은 로켓 기반 추진 시스템의 효율성을 비교하기 위해 **비추력**ISP이라는 용어를 사용한다. 로켓의 가속도는 로켓 무게 대비 추력(로켓 뒤쪽에서 뿜어져 나오는 추진제의 양과 그 추진제가 뿜어져 나오는 속도에 의해 결정됨)에 따라 달라진다. 추진제가 배출되는 속도가 빠를수록 로켓은 더 빨리 이동하고 더 많은 화물을 운반할 수 있다. (배출되는 모든 기체에 포함된 운동량을 더한 다음 우주선의 최종 운동량을 빼면 0이 된다. 운동량은 보존되고 아이작 뉴턴 경은 여전히 행복하다.**) 화학 로켓과 대부분의 다른 로켓의 경우, 배

---

* 나는 이들을 '로켓 과학자'라고 부르지 않는다. 이 용어는 대중문화에서는 지적 수준에서 거의 최고의 지위를 획득했는데, 첨단 우주 추진 분야에서 일하는 사람들이 로켓 전문가라는 것을 의미한다. 그런데 이는 사실일 수도 있고 아닐 수도 있다. 많은 첨단 우주 추진 기술은 추진제를 배출하지 않고 우주선을 가속할 수 있으므로 실제로는 로켓이 아니다. 따라서 많은 첨단 우주 추진 공학자들은 엄밀히 말해 로켓 과학자가 아니다.

** 뉴턴의 운동 제2법칙인 F=ma를 기억하라. 자연의 이 법칙에 따르면 질량(m)이 있는 물체에 힘(F)을 가하면 그 물체는 (a)의 비율로 가속된다. 로켓의 경우 추력은 로켓이 가속될 때 로켓이 받는 힘과 유사하다고 생각하면 된다.

출되는 기체는 가열을 통해 고속으로 가속되기 때문에 일반적으로 화학 열 로켓으로 간주된다. 추가된 단어인 '열'은 나중에 다른 형태의 열 로켓에 대해 논의하고 열 로켓이 아닌 다른 로켓과 비교할 때 가장 잘 이해할 수 있을 것이다. 로켓의 I_{SP}는 로켓 뒤쪽에서 추진제가 얼마나 빨리 분출되는지를 대략적으로 측정하는 값이다. 비추력이 높은 로켓은 비추력이 낮은 로켓만큼 추진제를 많이 필요로 하지 않는다. 비추력이 높을수록, 사용되는 추진제의 양에 비해 더 많은 추진력을 얻을 수 있다. 비추력이 높은 추진 시스템은 추진제의 질량을 더 효율적으로 사용한다. 수학을 모르면 이해가 되지 않을 수도 있지만,* 비추력은 초 단위로 측정된다.

우주왕복선의 경우 주 엔진의 I_{SP}는 약 366초이고, 고체 로켓 모터는 242초에 불과했다. 팰컨 9 추진에 사용된 스페이스엑스 멀린 엔진의 I_{SP}는 282초이다. 이런 고성능 로켓 엔진의 I_{SP}는 수백 초 정도다. 대부분의 로켓 엔진의 I_{SP} 값은 500초 미만이다(이 값을 기억하라). 왜 이것이 상한선일까? 간단히 말해, 화학 때문이다. 추진제에서 추력을 생성하기 위해 에너지를 방출하려면 화학결합을 만들어야 하는데, 화학반응과 원소나 분자 사이의 화학결합을 만들거나 끊는 과정에서 얻을 수 있는 에너지는 한정되어 있다. 600초 이상의 I_{SP}를 만드는 화학 로켓 추진제는 발견되지 않을 가능성이 높다.

---

* 대학원생 시절에 싫어했던 표현을 사용하자면, '관심 있는 독자'는 약간의 수학을 통해 I_{SP}의 유도를 더 잘 이해할 수 있는데, 물론 이 부분은 관심 있는 독자들의 재량에 맡기겠다.

지구에서 벗어날 때만이 아니라 우주에서 작동하는 경우에도 화학 로켓은 I_{SP}에 의해 성능이 제한된다. 로켓 과학에서의 자동차 연비(리터당 킬로미터)에 해당하는 수치라고 생각하면 된다. 우리는 다양한 형태의 로켓 추진 성능과 성간 임무에 대한 적합성을 비교하기 위해 이 I_{SP}를 장점을 표현하는 값으로 사용할 것이다.

로켓의 효율을 높이려면 어떻게 해야 할까? 화학반응이 제공할 수 있는 이론적 최대치에 도달했다면, 추진제에 에너지를 추가할 다른 방법을 찾아야 한다. 성능과 효율성은 모두 에너지와 에너지 밀도에 달려있다. 핵에너지는 어떨까? 우라늄 원자의 핵분열에서 방출되는 에너지는 화학적으로 가능한 것보다 훨씬 더 많다. 핵무기 개발을 추진하는 힘을 떠올려 보면 분명하게 알 수 있다. 여기서 말하는 핵에너지는 폭탄과 관련된 에너지가 아니라(나중에 오리온 프로젝트에 대해 논의할 때 더 이야기하겠다) 전 세계 핵발전소에서 매일 전기를 생산하는 데 사용되는 과정을 말한다.* 핵발전소에서의 에너지는 원자 사이의 화학결합을 바꾸는 게 아니라 원자의 중심에서 원자를 구성하는 입자가 서로 결합하는 방식을 바꿔서 만들어진다. 물리학자들은 이 과정을 핵분열이라고 부른다. 이때 쪼개진 부분, 즉 핵분열 파편은 많은 운동에너지를 가지고 있고, 이것은 다른 원자들과의 충돌과 상호작용을 통해 열에너지로 변환되어 핵분열 파편을 흡수한 원자를 뜨겁게 만든다. 이것은 다시 물을 가

---

* 재미있는 사실: 2019년 원자력은 미국에서 생산된 전력의 약 20%, 프랑스에서 생산된 전력의 75%를 차지했다.

열하여 증기로 바꾸고, 증기는 터빈을 돌려 전기를 만들어 낸다.

핵 로켓에서는 물을 가열하여 전기를 만드는 대신 뜨거운 원자로를 통과하는 추진제(일반적으로 수소)를 3,000K의 높은 온도까지 가열하는데, 시스템이 녹지 않도록(!!) 제한하기만 하면 된다. 그런 다음 가열된 기체가 엔진 노즐을 통해 배출되어 추력을 만들어 낸다. 이것이 왜 매력적일까? 핵 열 시스템은 주로 이 높은 온도 덕분에 추진제를 가열하는 데 훨씬 효율적이어서 700초에서 1,100초 사이의 I_{SP}를 만들어 낸다. 화학 열 로켓보다 2배에서 거의 3배까지 높은 효율이다. 그러므로 화학 로켓과 비교할 때 추진제 1kg당 2배 이상의 추진 능력을 로켓에 제공할 수 있다.

여행 시간과 합리적인 핵분열 원자로의 질량, 필요한 추진제의 양, 그리고 핵 열 로켓 제작과 비행의 그 밖의 모든 실용적인 측면을 고려하면, 핵 열 로켓은 태양계에서 사용하기에 적합해 보인다. 화성에 사람을 보내는 일에 핵 열 로켓을 사용하면 합리적인 왕복 시간(2~3년 정도)에, 화학 로켓을 사용할 때 필요한 추진제의 절반 정도만 사용해도 된다. 이 로켓을 제작해서 발사한다면 목성과 그 위성을 오가는 유인 여행, 그리고 명왕성과 바로 그 너머까지의 로봇 임무를 수행할 수도 있을 것이다. 하지만 안타깝게도 여기까지가 한계인 것 같다.

핵분열로 방출되는 에너지(가용 에너지밀도)가 실제 성간 여행을 가능하게 하는 I_{SP}를 제공하기에는 충분하지 않다.* 추진제의 양이

---

* 나는 수천 년 이상 걸리는 여행은 비현실적이라고 생각한다.

엄청나서, 우주선이 여행을 시작하기 전 가속할 수가 없을 정도로 무거워질 것이다. 간단하게 말하면, 로켓이 운반할 수 있는 무게(추진제, 탑재체, 구조물 등)에는 한계가 있는데, 추진제를 더 추가하면 전체 무게가 증가하고 그러면 가속에 필요한 추진제도 증가하므로 더 많은 추진제가 필요하고, 이로 인해 무게가 더 늘어나는 식으로 반복되는 것이다. 이를 흔히 '로켓 방정식의 폭정'이라고 부르며, 이것이 바로 효율, 즉 I_{SP}가 중요한 이유다. I_{SP}가 높을수록 필요한 추진체는 더 적으므로 더해지는 무게가 줄어든다.

로켓을 구동하는 데 필요한 에너지를 제공할 수 있는 또 다른 핵과정이 있는데, 바로 태양이 에너지를 얻는 것과 동일한 과정인 핵융합이다. 이름에서 암시하는 것처럼 이 과정의 개념은 단순하다. 2개 이상의 원자가 강제로 합쳐져 새로운 원소를 형성하고 그 과정에서 에너지를 방출하는 것이다. 우리는 지구에서 삶을 즐길 때 매일 핵융합의 직접적인 혜택을 경험한다. 지구는 우리의 별인 태양에 의해 따뜻하게 유지되고 빛을 받는데, 바로 그 태양의 중심에서 핵융합이 일어나고 있다.

태양은 웅장하고 거대하다. 이것도 너무 얌전하게 표현한 것이다. 지름을 따라 109개 이상의 지구를 나란히 놓을 수 있으며, 속이 빈 공이라면 100만 개 이상의 지구를 안에 넣을 수 있다. 태양은 주로 수소로 이루어져 있으며, 수소의 중력 때문에 개개의 원자들이 중심에서 서로 밀착되어 있다. 단단하게 밀착된 원자들의 상당 비율이 융합하여 헬륨을 만들고 에너지를 방출한다.

가장 이해하기 쉬운 원자는 수소 원자다. 수소의 핵은 1개의 양성자로 이루어져 있고 1개의 전자가 주위를 돌고 있으며, 우주에 있는 수소의 99.9% 이상을 차지한다.* 태양의 핵융합 반응에서 방출되는 에너지는 태양의 중심핵을 사정없이 누르는 중력에 맞서 균형을 이루는 압력을 만들어 중력이 원자를 더 압축하지 못하게 한다. 이렇게 방출된 에너지는 결국 태양 표면으로 나간 다음 우주로 빠져나가 지구에 사는 우리에게 필요한 빛과 열을 공급한다.

핵융합 반응에서 방출되는 에너지를 이해하려면 현대 과학 역사상 가장 유명한 방정식 하나를 살펴볼 필요가 있다.

$$E = mc^2$$

아인슈타인 박사 덕분에 우리는 질량(m)이 빛의 속도(c)를 통해 에너지(E)와 연결된다는 것을 알게 되었다. 이를 통해 태양에서 일어나는 것과 같은 핵융합 반응에서 얻을 수 있는 에너지의 양을 이해하고 계산할 수 있다. 양성자 2개와 중성자 2개를 가진 헬륨 원자 원자핵의 무게는 원자핵을 만드는 데 들어가는 양성자와 중성자의 99.3%밖에 되지 않는다. 수소 원자가 융합되어 헬륨이 될 때 이 나머지 질량은 어디로 갔을까? 아인슈타인 방정식의 예측대로 질량의 0.7%는 에너지로 변환되었다. 이에 비해 화학 추진제를 연소하면 질량에너지의 약 10억 분의 1만 방출된다. 원자 사이

의 화학결합을 재구성하여 새로운 연결(즉, 결합)을 만들지만 원자를 구성하는 양성자와 중성자는 그대로 유지되는 것이다. 이 0.7%를 활용하면 별을 향해 효율적인 여행을 하는 데 필요한, 에너지밀도가 높은 열원을 얻을 수 있다.

안타깝게도 태양의 핵에서 자연이 저절로 하는 일을 실험실에서 재현하는 건 그렇게 간단하지 않다. 결국 태양에서의 핵융합은 $1,989 \times 10^{30}$kg의 수소가 원자를 함께 압축함으로써 일어난다.* 지구에서는 그 정도의 질량을 얻을 수 없기 때문에 태양만큼의 질량을 필요로 하지 않는 다른 접근 방식이 시험되고 있다.

핵융합로는 성간 여행에 어떻게 사용할 수 있을까? 첫째, 전기추진 시스템에 동력을 공급하는 대형 동력원으로 사용할 수 있다(뒤쪽, 전기 로켓에 대한 설명 참조). 혹은 핵융합 반응이 추력 생성 메커니즘도 되는 직접적인 방법으로 더 많이 사용될 수 있다. 핵융합 부산물 일부를 우주선의 한쪽 끝으로 배출하여 추력을 제공하도록 원자로를 설계할 수 있을 것이다.

이 책은 핵융합 발전에 관한 책이 아니라 성간 여행에 관한 책이므로, 과학자들이 실험실에서 핵융합 반응을 재현하는 데 어느 정도 성공을 거두었고, 언젠가는 우주선에 탑재해 우주 탐사에 사용할 수 있을 정도로 핵융합로를 소형화할 수 있을 거라고 가정해 보겠다.

---

* $1,989 \times 10^{30}$kg=1,989,000,000,000,000,000,000,000,000,000,000kg. 일반적인 자동차 무게는 2,000kg 미만, 약 1톤이다.

핵융합의 경우에도 로켓 방정식의 폭정은 여전히 고개를 들고 있지만, 가장 가까운 별 너머로 여행하는 데 필요한 추진제를 고려하기 전까지는 괜찮다. 다시 말해, 핵융합 동력 추진 우주선은 알파 센타우리까지 수백 년이 채 걸리지 않는 시간에 우주선을 보낼 수 있을 것이다. 화학 및 핵(분열) 열 로켓과 비교하면 정말 좋아 보인다. 하지만 안타깝게도 가장 가까운 별뿐만이 아니라 그 이웃 별까지 탐사하는 것이 목표라면 여행 시간과 필요한 추진체는 감당하기 힘들 정도가 된다.

로켓 방정식이 제한하는 부분을 우회해서, 그 모든 추진제를 가져갈 필요가 없는 핵융합 추진 시스템을 만들 수 있다면 어떨까? 버사드 램제트$^{Bussard\ ramjet}$가 바로 그런 역할을 한다. 1960년 로버트 버사드 박사가 처음 제안한 이 개념은 간단하다. 핵융합 추진 엔진을 탑재한 우주선을 제작하고, 여행에 필요한 수소 추진제를 모두 싣고 가는 대신 성간물질을 통과하는 도중에 수소를 포집하는 것이다. 1장과 2장에서 항성 간 수소의 밀도가 세제곱센티미터당 원자 하나라고 한 것을 기억하라. 많은 양은 아니지만, 충분히 큰 포집기를 만들고 충분히 빠르게 이동한다면(아마도 처음에는 가지고 간 추진제로 가속될 것이다) 작동할 수 있다. 포집된 수소는 핵융합 추진 시스템의 추진제가 될 것이다. 하지만 문제가 있다. 첫째, 핵융합을 일으킬 정도로 압축시켜 줄 별 정도의 질량과 중력이 없다면 성간 공간의 수소 동위원소를 핵융합 과정에 사용하기가 쉽지 않다는 것이다. 또 하나는 엄청난 규모다. 성간 여행의 다른 모든 부분과 마찬가지로, 포집기도 커야 한다. 정말 **커야** 한다(수백 혹은 수천 킬로미터 정도로 생각해야 한다).

2017년 〈타우 제로: 버사드 램제트의 조종석에서〉라는 멋진 제목의 논문에서 저자인 블래터와 그레버는 기능적인 램제트를 만들기 위해 무엇이 필요한지 자세히 조사했다.* 그들은 이 논문에서 논의된 것과 비슷한 질량의 우주선에 지구 크기의 단일 원자층 그래핀으로 만든 포집기를 장착하는 경우를 보여주었다. (그래핀은 무게 기준으로 강철 강도의 300배에 달하는 매우 강한 탄소 형태이다. 이 재료가 너무 놀라워서 나는 이것에 대한 책도 썼다.[3]) 포집된 수소는 핵융합로에 공급되어 전력 및/또는 추력을 만들어 낸다. 안타깝게도 대부분의 항성 간 추진 시스템 선택지와 마찬가지로 악마는 디테일에 있다. 연료가 소진된 배가 물 위를 나아갈 때 마찰로 인해 결국 멈추게 되는 것처럼, 버사드 램제트도 우주를 질주할 때 수소를 모으는 과정에서 마찰을 경험하게 된다. 순 추력을 생성하려면 각 수소 원자를 모을 때 발생하는 마찰을 추진제의 배출로 극복함으로써 전체 시스템이 작동하는 효율을 높여야 한다. 물리학에서는 이것이 가능하다고 말하니까 이 방법은 실행 가능한 선택지 목록에 계속 남아있다.

수소로 인한 항력을 극복할 필요가 없는 흥미로운 또 하나의 응용 방식은 버사드 램제트를 브레이크로 사용하는 것이다. 수소 추진제를 포집할 때 발생하는 마찰을 핵융합 엔진 자체에서 생성되

---

* 이 논문은 버사드 램제트의 물리학에 대해 설명할 뿐만 아니라 이러한 우주선을 타고 은하계를 항해하는 내용을 담은 폴 앤더슨의 고전 SF 《타우 제로(Tau Zero)》에 대한 오마주이기도 하다. 기술 논문과 소설 모두 강력히 추천한다.

*

는 '역 추력'에 추가해 여정의 끝에서 속도를 늦추고 필요한 추진제의 양을 줄이는 것이다. 감속은 가속만큼이나 어렵기 때문에 추진제를 줄일 수 있는 모든 방안을 고려해야 한다.

이제 완전히 다른 것을 소개하겠다.* 열 대신 전자기 에너지를 사용하여 추진제를 가속하는 로켓이다. 인간은 전기를 이용해 자연을 조작하는 데 특히 능숙하다는 점을 고려하자. 조명, 에어컨, 라디오, 텔레비전, 컴퓨터는 양성자, 전자의 기본 속성과 그와 관련된 전기장 및 자기장을 기반으로 만들어진 창의적인 제품의 몇 가지 예에 불과하다. 양성자는 양전하(+)를 띠고 전자는 그 반대인 음전하(-)를 띤다는 것을 기억할 것이다. 이 '장field'은 하전입자 주변의 영역을 차지해 다른 하전입자에 영향을 줄 수 있으며, 서로 '접촉'할 필요 없이 상호작용할 수 있다. 일상생활에서 우리는 양성자와 전자로 이루어진 원자로 구성되어 있지만, 우리와 우리 세계는 대부분 중성이기 때문에 일반적으로 양전하와 음전하의 영향을 느끼지 못한다. 양전하와 음전하가 거의 같은 수로 존재하여 상쇄되기 때문이다. 그러나 둘 중 하나가 많은 상황을 만들어서 실험을 할 수 있으며, 바로 이 지점이 추진력 관점에서 관심을 갖게 되는 부분이다. 하전입자는 우주 추진에 유용한 세 가지 특성을 가지고 있다.

---

* 나는 항상 내 책 중 한 곳에 〈몬티 파이선의 비행 서커스〉를 언급하고 싶었다. "이제 완전히 다른 것을 소개하겠다"라는 문구가 익숙하지 않다면 즉시 유튜브나 다른 스트리밍 서비스로 가서 이 고전 영국 텔레비전 유머 시리즈를 시청하고 "아무도 스페인 종교재판을 기대하지 않습니다!"라는 문구를 기억하라.

1. 반대되는 전하는 서로 끌어당기고 같은 전하는 서로 밀어낸다. 전자는 다른 전자를 밀어내고 양전하로 대전된 원자도 마찬가지로 서로 밀어낸다. 반대로 양성자와 전자는 서로 끌어당긴다.

2. 전기장 안에 놓인 하전입자는 전기장을 생성하는 전하(양전하 또는 음전하)와 입자의 전하(+ 또는 −)에 따라 당기는 힘 혹은 밀어내는 힘을 경험하게 된다. 전기장은 그 안에 있는 구속되지 않은 하전입자에 힘을 작용해 입자를 움직이게 한다.

3. 자기장 안에 놓인 하전입자도 힘을 받아 움직이게 된다. 물리학자들은 이를 로렌츠 힘Lorentz force이라고 부른다. 그 배경이 되는 물리학을 처음으로 명확하게 설명한 헨드릭 로렌츠의 이름을 딴 것이다.

과학자들은 이러한 사실을 활용해 스위스 유럽입자물리연구소 CERN와 같은 거대 입자가속기에서 원자 수준에서의 자연의 근본적인 측면을 연구해 왔다. 원자를 빛의 속도에 가까운 속도로 가속한 뒤 서로 충돌시켜 부산물을 관찰하고 일상 세계를 구성하는 물질에 대해 더 많은 것을 알아내는 것이다. 전기 로켓(플라스마 로켓이라고도 한다)에서도 비슷한 기술을 사용해 추진제를 매우 빠른 배출 속도, 높은 I_{sp}로 가속하며, 그 종류는 다양하다.

이온 추진기에서는 중성 기체(일반적으로 아르곤, 제논, 크립톤과 같은 무거운 기체) 원자의 전자를 제거한 다음 전기장을 가해 이러한 상호작용이 일어나는 챔버의 한쪽 끝으로 가속했다가 챔버 밖으로 배출하여 로켓 추진 기체를 만들어 낸다. 빠르게 움직이는 기체가 한쪽 끝에서 배출되는 동안 운동량은 보존되고, 로켓은 앞서 설명한 열 로켓과 마찬가지로 반대 방향으로 움직인다. 하전된 추진제 이온이 우주선에서 나오면 반대 전하를 띤 전자구름을 주입해 전기적으로 중성을 만들어서 우주선으로 다시 끌려오지 않게 한다.그림 5.2. 짜잔! 이제 극단적인 열에 의존하지 않고 작동하는 로켓이 생겼다.

이온 추진기는 I_{sp}가 약 3,000초로 매우 효율적이다. 그러니까, 이온 추진기는 화학 로켓보다 약 10배 더 효율적이다. 하지만 단점이 있다. 이온 추진기를 비롯한 전기추진 시스템은 모두 추력이 매우 낮다. 우주비행사의 입장에서 보면, 효율은 낮아도 추력이 높은 화학 로켓이 궤도로 발사될 때는 가속도가 몸을 좌석 뒤로 밀어내는 것을 경험하지만 이온 추진기가 작동을 시작할 때는 아무도 이것을 느끼지 못한다는 말이다. 대신 이온 추진기는 작고 매끄러우면서도 효율적인 추진력을 제공하고, 우주에서 몇 시간, 며칠, 몇 주 또는 몇 년 동안 이렇게 매끄러운 추진력을 유지해, 몇 초, 몇 분 또는 몇 시간 만에 추진제를 모두 소모하는 고추력, 저효율 열 로켓보다 훨씬 높은 최종 속도에 도달하게 해준다. 이미 중력권에서 벗어난 상태라면 높은 추력은 필요 없고 그냥 추력만 있으면 되며, 효율이 높을수록 더 좋다.

태양빛으로 구동되는 이온 추진기는 지금도 사용되고 있다. 가장 유명한 예는 NASA의 돈Dawn 미션으로, 소행성 세레스Ceres와 베스타Vesta를 연구하는 데 사용되었다. 우주선의 이온 추진기를 이용해 한 소행성에서 다른 소행성으로 이동한 것이다. 화학 로켓으로는 추진제의 양 때문에 거의 불가능했을 것이다. 상업적으로도 사

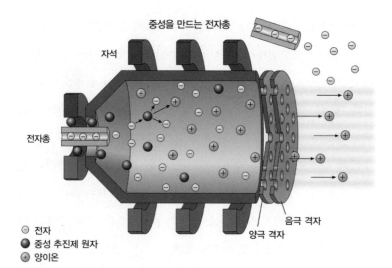

중성을 만드는 전자총

자석

전자총

전자
양극 격자
음극 격자

⊖ 전자
● 중성 추진제 원자
⊕ 양이온

그림 5.2. 이온 (로켓) 추진. 전기 로켓은 더 복잡해 보이고 실제로 그럴 수도 있지만, 원칙적으로는 다른 로켓과 같다. 한쪽에서 배출된 추진 기체가 로켓을 반대 방향으로 밀어내는 힘을 만들어 낸다. 이 예에서는 고에너지 전자가 중성 기체로 채워진 챔버로 발사된다. 들어온 전자는 중성 기체 원자에서 전자를 빼앗아 약간의 양전하를 갖게 만든다. 그런 다음 외부에서 가해진 자기장이 이 양전하를 띤 원자를 (그림에서 오른쪽으로) 가속하여 추진 기체로 배출한다. 대전된 원자가 우주선에서 멀리 떨어지도록 하기 위해 추진 기체에 추가 전자를 주입하는데, 에너지 수준이 적절하면 전자를 양전하를 띤 이온과 결합하여 다시 중성이 되게 할 수 있다.

용되는데, 지구 궤도를 돌고 있는 통신위성이 오랜 기간 제자리를 유지하도록 해준다.

이온 추진기가 가장 효율적인 전기추진 시스템은 아니다. 전혀 그렇지 않다. 공학자가 앞에 나열한 세 가지 하전입자 특성을 모두 사용하기 시작하면 10,000초 이상의 I_{sp}를 달성하는 전자기 로켓을 만들 수 있다. 다소 위협적인 이름의 자기 플라스마 역학MPD 추진기를 예로 들 수 있다(친구들과 대화할 때 이 명칭을 사용해 보자. 이 이름을 정확하게 발음하면 친구들은 여러분의 아이큐가 적어도 15 이상 높아졌다고 생각할 것이다). MPD 추진기에서는 이온화된 추진제가 챔버로 흘러들어 가 자기장이 대부분의 가속을 생성하고, 가속된 추진제를 배기 챔버 밖으로 내보내 추력을 만들어 낸다. 자기장의 로렌츠 힘이 추가되면 추력과 효율이 다르게 혼합되어 (이론적으로) MPD 추진제는 특히 우수한 추력과 최대 6,000초의 I_{sp}를 얻을 수 있다.[4]

또 다른 변형된 전기 로켓도 있는데, 각자 추력을 얻기 위해 전기장과 자기장의 방향을 조정하는 고유하고 개별적인 접근 방식을 가지고 있다. 그중에는 가변 특정 임펄스 자기 플라스마 로켓VASIMR, 홀 효과 추진기, 콜로이드 추진기 등이 있다. 모두 장단점이 있지만 실제 성간 여행과 관련하여 한 가지 공통적인 한계가 있다. 전기 로켓은 화학 또는 핵 열 로켓보다 10배에서 100배 더 효율적이긴 하지만 우리를 별까지 데려다줄 만큼 효율적이지는 않다. 끈질긴 로켓 방정식은 여전히 적용되고….

하지만 전기 로켓은 가까운 성간 공간으로 로봇 성간 선행 임무를 보낼 수 있는 좋은 후보다. 연구에 따르면 전기 로켓은 작동할 수 있는 동력만 있다면 합리적인 추진제 양으로 필요한 속도를 달성할 수 있을 만큼 효율적이다. 태양계를 벗어나는 데 필요한 높은 속도를 달성하려면 태양으로부터 계속 멀어지는 거리에서 장시간 작동해야 한다. 태양열 발전은 불가능하기 때문에 자체 전력원을 가져가거나 다른 곳에서 전력을 공급받아야 한다. 성간 우주선이 전력을 얻는 방법에 대해 더 알아보려면 7장 '성간 우주선 설계하기'를 참조하라.

자연의 속도 한계는 빛의 속도다. 이 속도를 배기속도로 하는 로켓이 있다면 어떨까? 로켓에 대한 소개로 돌아가 보면, 로켓의 배기속도는 빠를수록 좋다. 어떤 것이 빛의 속도보다 빠를 수 있을까? 아무것도 없다. 우주에서 그렇게 빨리 갈 수 있는 것은 빛뿐이며, 광자는 정지질량이 없다. 그래서 고전적으로는* 빛을 내뿜는 로켓의 운동량은 0이어야 한다(경이로운 빛의 속도를 포함한 모든 속도에 0을 곱하면 그냥 0이 된다). 고전물리학에서는 우리가 빛의 속도에 가까운 속도로 이동하기 시작하면 자연이 작동하는 현실과 차이가 나기 시작한다. 광자는 정의에 따라 빛의 속도로 이동한다. 그런데 실제로 어떻게 될까? 빛의 운동량을 측정한 결과 과학자들은 빛의 운동량이 작긴 해도 0보다 크다는 사실을 발견했다. 그러니까 빛은 운동량이 없는 것이 아니라 운동량을 전달할 수 있으며, 그러므로 우주선을 추진하는 로켓 배기 장치로 사용할 수 있어야 한다. 아쉽게도 에너지에 따라 달라지는 광자의 운동량은 여전히 너무 작지만, 앞서 언급했듯이 0은 아니다. 그냥 불을 켜서 별을 향해 가속하는 것보다 더 우아한 일은 없을 것이다.

간단한 광자 로켓 개념은 일종의 내부 동력 시스템을 이용해 에너지를 생성한 다음, 효율적으로 추력을 만드는 데 사용하는 광선으로 바꾸는 것이다. ('효율'이라는 말이 많이 등장한다. 이는 물리학을 실용 공학에 적용하는 것인데, 효율이 100%인 것은 아무것도 없다. 우리

---

* '고전물리학'은 (양자역학이 필요한 원자 및 분자 단위가 아닌) 거시적 수준과 (상대성이론이 필요한) 광속보다 훨씬 느린 속도에서 세상을 이해하는 것을 설명하는 용어이다.

가 사용하는 대부분의 과정은 그 근처도 가지 못한다.) 가장 좋은 경우는 어떤 추진제도 가열되거나 가속되지 않고 내부 동력에 의해 생성된 빛만 사용하는 것이다. 멋지게 들리지 않나? 광자가 더 많은 운동량을 지니고 있다면 더 좋겠지만, 그렇지는 않다. 생성된 에너지가 100%에 가까운 효율로 광자로 변환된다고 가정하면, 1N의 추력을 얻기 위해서 300메가와트의 전력이 필요하다.[5] 비교를 해 보면, 전 세계에서 볼 수 있는 일반적인 석탄 화력발전소의 발전량은 약 500메가와트이며, 이를 로켓에 실을 수 있도록 소형화하면 2N의 추력밖에 만들어 내지 못한다. 1N의 추력을 만드는 데 필요한 에너지의 양은 10톤이 훨씬 넘는 우주선을 움직이기에 턱없이 부족하다.* 우주선이 상상할 수 있는 최고의 효율(100%에 훨씬 못 미치는)로 핵분열을 동력원으로 사용한다고 가정하고 계산해 보면, 약 10톤의 우주선을 0.1c까지 가속하려면 필요한 핵연료의 질량이 가히 천문학적이라는 것을 알 수 있다.

　구식의 핵분열보다 더 효율적인 동력 시스템은 어떨까? 핵융합은? 핵융합은 같은 질량의 연료에서 핵분열보다 약 4배 더 많은 에너지를 방출한다.[6] 이는 확실히 도움이 되겠지만, 핵연료 질량을 천문학적 숫자의 4분의 1로 줄여도 여전히 상상할 수 없는 수준이다. 10톤짜리 우주선을 가속하기 위한 계산이라는 점을 기억하라. 하지만 다른 방법이 있을 수도 있다. 앞에서 성간 수소를 모아 핵융합반응의 연료와 로켓의 추진 기체로 사용하는 버사드 램제트에

---

* 　비교해 보면, 우주왕복선의 주 엔진은 약 200만N을 만들어 낸다.

대해 설명했다. 포집된 수소를 광자 로켓의 핵융합 부분에만 사용하고 광자 방출로 추력을 만든다면 어떨까? 다시 블래터와 그레버의 논문을 참고하면 이것이 가능할 수도 있다. 물론 원자 1개 두께의 지구만 한 수소 포집기를 추가하고 온갖 마찰과 기타 부작용을 고려해야 하지만, 수치상으로는 가능할 수도 있다. 그렇지 않다면 우주선 질량에 필요한 연료의 극히 일부만 추가해도 그렇게 추가한 핵연료의 질량을 가속하기 위해 더 많은 핵연료가 필요한 상황이 반복되기 때문에 문제가 훨씬 더 어려워진다.

또 다른 방법이 있다. 만약 자연이 핵연료의 모든 질량을 100%의 (이론적) 효율로 에너지로 변환하는 방법을 제공한다면 어떨까? 그렇다면 우리는 그 에너지를 어떻게 사용할지만 다루면 된다. 광자 로켓, (화학 로켓이나 전기 로켓과 같이) 일종의 반작용 질량을 사용하는 전통적인 로켓, 또는 하이브리드 접근 방식 중 하나를 선택하기만 하면 된다. 다행히 자연은 실제로 그런 방법을 제공한다. 바로 반물질이다.

지금까지 살펴본, 우주선을 구동하기 위한 에너지를 생산하는 반응은 주로 원자와 분자 사이의 전자를 재배열하는 화학 및 전기 로켓, 양성자와 중성자와 원자핵 사이의 상호작용을 통해 에너지를 생산하는 핵분열 및 핵융합 로켓, 역시 전자의 조작을 통해 빛을 방출하는 광자 로켓 등 화학과 핵물리학의 영역에 속해있었다. 이제 물리학은 원자 규모에서도 가장 에너지 넘치는 반응을 일으킬 수 있는 흥미로운 형태의 물질을 제공해 준다. SF에서나 나올 법한 이름처럼 들리는, 적어도 이론적으로는 100%의 질량을 에너지로 바꾸어 우주선을 추진할 수 있는 물질 형태, 반물질이다.

반물질은 우주 영화나 SF에서 독자들로 하여금 작가가 박식하다고 생각하도록 하려고 종종 던지는, 마법처럼 들리는 물질 상태를 표현하는 단어다. 하지만 반물질은 실제로 존재하며, 자연은 소량이긴 하지만 매일 전 세계에서 반물질을 생산한다.

이 반물질은 무엇이며, 어떻게 우주선을 추진하는 데 사용할 수 있을까? 이 질문에 답하려면 입자물리학에 대한 간략한 설명이 필요하다.

입자물리학은 우주의 모든 것을 구성하는 감지 가능한 가장 작은 입자와 이들 사이의 근본적인 상호작용을 연구하는 학문이다. 양성자, 중성자, 전자가 우리가 만질 수 있는 모든 것을 구성하는 원자를 이루는 것과 마찬가지로 이들 역시 훨씬 더 작은 물질로 이루어져 있다. 예를 들어, 양성자는 3개의 쿼크(양전하 3분의 2인 '업' 쿼크 2개와 음전하 3분의 1인 '다운' 쿼크 1개)로 구성되어 있으며 글루온으로 서로 결합되어 있다. 물질을 구성하는 기본 입자의 수프에는 양, 음, 중성 파이온 등으로 이루어진 뮤온, 중성미자, 중간자라고 불리는 입자들이 있는데, 이 입자들이 서로 섞이고 어울려 물질세계를 구성한다. 다양한 아원자입자들이 처음 발견되었을 때 그 수가 너무 많아서 과학자들은 이들을 입자 동물원particle zoo의 구성원이라고 부르기 시작했다.

다시 원자 수준으로 돌아가서, 자연에는 양성자와 질량은 같지만 전하는 반대인(+가 아닌 -) 반양성자와, 음전하가 아닌 양전하를 띠는 전자인 양전자가 존재한다. 반물질 역시 반쿼크와 같은 더 작은 입자로 이루어져 있는데, 여기서는 자세히 설명하지 않겠다. 동력원으로 고려할 수 있는 반물질의 특별한 점은 무엇일까? 그림 5.3에서 볼 수 있듯이 전자와 양전자가 충돌하면 서로 소멸하면서 질량에 포함된 모든 에너지가 실제 에너지로 바뀐다($E=mc^2$를 기억하는가? 이 경우 모든 질량은 즉시 에너지로 바뀐다). 양성자와 반양성자도 마찬가지지만, 양성자(반양성자)는 전자(양전자)보다 질량이 약 1,836배 더 크기 때문에 훨씬 더 많은 에너지를 방출한다.

이 방출되는 에너지를 우리가 감을 잡을 수 있는 척도로 표현해 보자. 물질/반물질 소멸은 정확히 같은 질량의 반물질과 물질을 에너지로 변환한다. 무게가 약 1g인 건포도를 생각해 보자. 건포도를 반으로 나누고 반쪽은 보통 물질로, 다른 반쪽은 반물질로 만들어졌다고 가정하자. 건포도 두 조각을 결합하면 약 9×10^{13}J의 에너지가 방출된다. 1kt의 TNT는 약 4×10^{12}J의 에너지를 방출한다. 그러니까 물질과 반물질 건포도를 결합하면, 에너지의 양을 전쟁 무기의 관점에서 이해해야 한다는 점이 안타깝긴 하지만, 제2차 세계 대전 당시 일본 히로시마에 투하된 원자폭탄과 거의 같은 21.5kt에 해당하는 에너지를 방출하는 폭발이 일어난다.

이보다 더 간단할 수 있을까? 그런데 안타깝게도 그리 간단하지가 않다. 반물질을 그렇게 매력적으로 만드는 바로 그 점이 반물질을 아주 어렵게 만드는 이유이기도 하다. 반물질을 어떻게 안전하게 포획하거나 만들어서 그것이 필요해질 때까지 보관할 수 있을까?

반입자는 우주선cosmic rays이 대기 중의 원자와 상호작용하여 원자를 아원자입자로 쪼개고, 이 아원자입자가 다른 입자로 재결합할

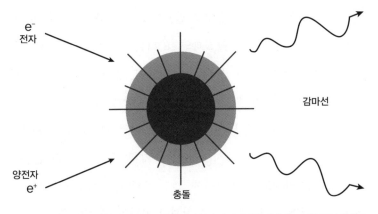

전자 e⁻

감마선

양전자 e⁺

충돌

그림 5.3. 반물질 소멸. 전자와 양전자가 충돌하면 이들의 정지질량 에너지는 모두 감마선 형태의 에너지로 바뀐다.

때 일부가 반양성자와 양전자가 되며 우리 주변 모든 곳에서 만들어진다. 일부 우주선은 그 자체가 우주 어딘가에서 고에너지 사건으로 생성되어 우리 대기에 도달하게 된 반물질이다. 부엌과 같이 집과 가까운 곳에서 만들어지기도 한다. 어떤 사람들은 포타슘을 보충하기 위해 바나나를 먹는데, 바나나에는 자연적으로 발생하는 포타슘의 동위원소인 포타슘-40의 원자가 약간 섞여있어 이것이 저절로 붕괴하면서 약 1시간마다 1개의 양전자를 방출한다. 하지만 걱정은 말라. 양전자는 즉시 보통 전자normal electron와 만나 소멸되며, 방출되는 극소량의 에너지는 눈에 띄지 않을 정도로 빠르게 열로 바뀐다.

반물질은 CERN과 같은 고에너지 입자가속기에서 인공적으로도 만들어진다. 양성자가 빛의 속도에 가까운 속도로 충돌하면 그 구성 요소인 아원자입자로 부서지고, 이 과정에서 반물질이 생성된다. 반물질은 다른 방식으로도 만들어질 수 있다. 모두 고에너지 충돌이 동반되거나 보통 물질과의 또 다른 상호작용을 통해 반물질 입자들이 만들어진다. 상상할 수 있듯이, 만들어진 반물질을 필요한 일에 사용할 때까지 저장하는 것은 상당히 어려운 일이 될 수 있다. 결국 우주의 대부분은 보통 물질로 이루어져 있으며, 반입자는 보통 입자와 만나는 즉시 소멸한다. 다행히도 양전자와 반양성자는 전하를 가지고 있기 때문에, 전기 로켓에 사용되는 전자와 이온처럼 전기장과 자기장으로 조작하고 방향을 조정할 수 있다. 그래서 진공에 설치된 자기 트랩으로 보내 보통 물질과 만나 소멸되지 않는 곳에 장기간 보관할 수 있다. 물론 반물질을 저장하는 챔버를 완벽한 진공으로 만들 수 있다고 가정한다면 말이지만. 진공에 남아있는 원자는 반물질을 소멸시키는 원인이 되고 물질과 반물질의 반응을 미리 일으켜 필요할 때 사용할 수 있는 반물질의 양을 감소시킨다. 완벽한 진공을 만드는 일은 쉽지 않다. 현재로서는 엄청나게 큰 펌프와, 진공 챔버에 남아있는 기체를 극도로 낮은 온도로 '동결'시키고 동결된 원자를 챔버 밖으로 배출하는 방법이 필요하다.

과학자들은 양전자와 반양성자를 결합해 반수소를 만들었는데, 이것은 기체나 이온화된 상태의 반물질보다 장기 보관이 더 쉬울 수 있다.

물질과 반물질이 상호작용하면 에너지가 방출되는데, 이는 무슨 의미일까? 에너지는 어떤 신비로운 푸른빛이 아니라, 이 경우에는 빠르게 움직이는 여러 입자들, 다양한 파장의 빛과 열이다. 양성자-반양성자 소멸은 전자나 양전자, 뮤온, 감마선, 중성미자로 빠르게 붕괴하는 다양한 중간자를 만든다. 중성미자는 질량이 거의 없기 때문에 우리에게 유용한 방식으로 상호작용하지 않으며 유용한 추력을 생성하도록 조작할 수 없다. 중간자, 뮤온, 전자 또는 양전자는 전하를 갖거나 전기적으로 중성이며 빛의 속도 또는 그에 가까운 속도로 움직인다. 하전입자는 전기 로켓에서와 같이 전기장과 자기장에 의해 조정되어 높은 배출 속도로 추력을 만들 수 있다. 혹은 반물질을 동력원으로 사용하여 광자 로켓을 제작하려고 한다면 전자-양전자 연료를 사용하면 된다. 소멸될 때의 생성물이 바로 파장이 짧은 빛인 감마선이기 때문이다.

우주선starship에 반물질을 안전하게 저장하고, 반물질을 소멸시켜 생성된 무수한 하전원자와 중성원자, 그리고 빛과 열을 이용해 추진력을 만들 수 있도록 공학적 과제를 해결한다고 가정해도 한 가지 장애물이 남는다. 얼마나 많은 반물질이 필요하며, 어떻게 그것을 대량으로 제조할 수 있을까?

반물질 반응에서 방출되는 에너지를 얼마나 효율적으로 유용한 추력으로 변환할 수 있는지 가정하지 않은 상태에서 우주선을 추진한다 해도(그러니까, 만들어진 에너지를 100% 효율로 사용할 수 있다고 가정하는 것이다. 실제로는 그렇지 않겠지만) 결과는 수 톤에 이른다(우주선의 크기와 목적지에 따라 적게는 수십 톤에서 많게는 1,000톤이 넘을 수도 있다). 수백만 톤이 필요한 화학, 핵분열, 핵융합 추진제와 비교하면 작고 합리적인 수치처럼 들릴 수 있다. 오늘날 전 세계에서 만들어지는 반물질의 양이 수 나노그램 정도라는 점을 고려하기 전까지는 그럴 것이다. 약 0.000000001g 혹은 0.000000000001kg에 해당한다. 바로 여기가 어려운 지점이다. 우리는 반물질이 질량 관점에서 에너지를 저장하는 가장 좋은 방법이라는 것을 알고 있지만($E=mc^2$), 필요한 양을 만들고 저장하고 효율적으로 사용하는 방법에 대한 공학적 지식은 아직 확보하지 못했다.

가장 흥미로운 로켓 아이디어 중 하나를 마지막으로 남겨두었다. 대담하고, (믿을 수 없을 정도로 안 좋은) 부작용이 많고, 국제 조약에 위배되며, 전 세계 인구의 99% 이상이 받아들일 수 없다고 생각할 수도 있다는 점이 흥미롭지만, 가능하긴 하다.

과학자들과 공학자들이 원자의 힘을 활용하는 방법을 배우고 그 위험성(방사능, 지상 핵실험으로 인한 낙진, 폐기물 관리 등)을 완전히 이해하기 전이었던 원자력 시대 초기에 원자의 힘을 활용하는 흥미롭고 환상적인 아이디어가 수없이 제안되었다. 사람들은 원자력 추진 잠수함[8]을 설계하기 시작했는데, 이것은 오늘날에도 안전하게 사용되고 있으며, 원자력 비행기,[9] 기차,[10] 자동차,[11] 그리고 원자력 로켓도 설계되었다. 이 시대에 핵 열 로켓과 핵융합 로켓이 처음 구상되었고, 오늘날에도 여전히 진지하게 고려되고 있다. 그리고 오리온 프로젝트가 등장했다.

1958년, 두 과학자 테드 테일러와 프리먼 다이슨이 고도로 차폐된 우주선 한쪽에서 폭발하는 소형 핵폭탄을 우주선 추진 수단으로 사용하는 방법을 연구하기 시작했다. 이 원리는 나와 같은 세대의 많은 젊은이들이 폭죽 위에 물건을 올려놓고, 폭죽이 터질 때

물건이 얼마나 멀리 날아가는지 확인한 것과 같다.* 테일러와 다이슨은 폭죽 대신 여러 개의 핵폭탄 위에 대형 우주선(전함 크기를 생각하면 된다)을 올려놓고, 밀려나는 거대한 판을 이용해 우주선을 폭발로부터 보호하고 거대한 충격 흡수 장치를 우주선에 연결하는 것을 구상했다. 우주선 끝에서 나온 소형 핵폭탄이 3초마다 쾅! 쾅! 쾅! 우주선은 그렇게 매끄럽지는 않게 지구 중력에서 벗어나 우주로 날아오를 것이다. 쾅! 쾅! 쾅! 우주선이 태양계를 벗어나 순항 속도 0.1c로 가속될 때까지 폭발은 계속된다.[12]

이 방법을 사용하려면 많은 부분이 최적화되어야 한다. 폭탄은 에너지가 등방으로(모든 방향으로 동일하게) 흩어지지 않고, 우주선의 충격 흡수 장치를 향해 한 방향으로 더 많은 에너지가 집중되어 가능한 한 많은 핵에너지를 사용할 수 있도록 설계되어야 한다. 높은 수율(메가톤의 TNT에 해당)은 더 큰 폭발과 더 강력한 추진력을 생성할 수 있지만, 너무 강해서 우주선이 살아남지 못하거나 승무원이 견딜 수 있는 것보다 더 큰 가속도를 만들 수도 있다. 가속도를 지구 중력가속도의 3~4배 이하로 제한해 승무원들이 비교적 편안하게 지내도록 하고, 폭발의 위력을 우주선을 부수지 않는 수준으로 제한한다는 것은 제2차 세계대전 당시 히로시마에 사용된 폭탄보다 훨씬 더 약한 위력을 가진 폭탄이 필요하다는 의미다. 다양한 크기의 우주선에 대해 다양한 설계가 고려되었으며, 공통된 주

---

* 고백의 시간. 고등학교 때 친구들과 함께 폭죽보다 훨씬 더 강한 것으로 같은 '실험'을 했는데, 폭발로 높은 곳으로 날려 올라간 바위 파편들이 우리에게 떨어지기 시작했을 때 우리는 더 안전한 실험으로 옮겨갈 때가 되었다고 판단했다.

제는 우주선을 목적지까지 가속한 후 도착할 때 감속하려면 수백 개의 소형 핵폭탄이 필요하다는 것이었다.

폭탄을 연료로 고려한다면 오리온은 로켓 방정식의 동일한 제한을 받는 또 다른 로켓에 불과하다. 그렇다면 (폭탄에서) 핵분열 및/또는 핵융합을 작동시키는 기본 물리 과정이 그것만으로는 필요한 효율을 얻을 수 없거나(핵분열) 얻지 못할 수도 있는(핵융합) 상황에서 오리온이 어떻게 로켓 방정식을 이겨내고 높은 I_{sp}를 얻을 수 있는지 궁금할 것이다. 답은 여기에 있다.

1) 폭발 시 방출되는 에너지의 대부분을 우주선으로 향하게 하는 능력, 2) 폭발 에너지가 미는 판과 상호작용하는 시간이 매우 짧아 에너지의 손실을 최소화하는 능력, 3) 폭발의 부산물이 제공하는 추력을 최적화하기 위해 미는 판 주변의 자기장을 사용하는 능력. 이를 종합하면 오리온 우주선의 I_{sp}는 100,000초에서 1,000,000초 사이가 된다. 가까운 별을 향한 임무를 수행할 때 로켓 방정식을 '이길' 수 있을 만큼 충분히 높다.

이 기술을 논의할 때, 폭발하는 핵무기에 의해 추진되는 우주선이 엄청나게 크다는 점을 기억하는 것이 중요하며, 이 접근 방식의 핵심 요소 중 하나는 높은 추력과 높은 I_{sp}이다. 우주선을 지구 표면에서 우주로 들어 올린 다음 계속 추진하는 데 필요한 추력을 가지고 있다는 말이다. 생물권도 같이 있는 지구 중력권 내에서 이 방법을 사용하는 것을 반대하는 중요한 이유는, 그 모든 핵폭탄을 터뜨리면 우리의 보금자리가 오염될 수 있다는 것이다. 기존 로켓을 사용해 우주로 시스템을 발사한 다음, 우주에 도착한 후 핵폭발로 가속한다면 어떨까? 이 접근 방식은 이론적으로는 확실히 효과가 있지만, 우주선의 무게와 우주에서 조립하는 데 따르는 문제 때문에 실제로는 매우 어려울 것이다. 첫째, 우주선을 조각조각 들어 올리는 데 필요한 발사 횟수가 많다. 두 번째는 조립 문제이다. 일반적으로 우주에서 조립된 우주선은 높은 가속도를 견딜 필요가 없다. 지구 중력의 최대 4배까지 가속되는 우주선을 조립하는 것은, 어렵긴 하지만 가능한 일이다. 셋째, 우주에 핵무기를 배치하는 것을 금지하는 기존 국제 조약이 있다는 작은 문제가 있다.[13]

결론은, 가능은 하겠지만 아마 절대 만들 수는 없을 것이다. 로켓은 가까운 미래에도 우주여행의 주력이 될 가능성이 높으며, 기술 발전으로 이 장에서 설명한 다양한 로켓 유형을 제작해 태양계를 탐험하고 정착하는 데 사용할 수 있게 되었다. 로켓 방정식의 폭정 때문에 로켓을 사용하여 별에 도달하려면 매우 긴 여행을 각오하거나(화학, 핵분열 또는 전기 로켓 사용), 엄청난 양의 추진제 또는 하드웨어를 운반할 수 있는 거대한 차량을 설계하거나(핵융합 및 광자 로켓), 엄청나게 복잡하고 위험한 시스템(반물질 로켓)을 만드는 방법을 익혀야 한다.

제6장

빛으로 목적지에
도달하기

…하늘의 공기에 적합한 배와 돛을 만들어야…

—독일의 천문학자 요하네스 케플러가 그 자신이 태양의
'바람'이라고 생각한 것에 의해 혜성의 꼬리가 날아가는 것을 관찰한 후

이 시점에서 합리적인 질문은 아마도 이것이다. "'로켓 방정식의 폭정'을 없애는 방식으로 별을 향해 여행할 수 있을까?" 그렇다. 사실은 가능하다. 핵심은 필요한 에너지를 우주선 자체에 싣지 않고도 우주선을 가속할 방법을 찾는 것과 I_{sp}라는 개념을 버리는 것이다. 추진제를 사용하지 않는다면 I_{sp}는 이론적으로 무한대이다. 하지만 별을 향해 가는 우주선을 타고 있고, 0.1c까지 가속하는 데 엄청난 에너지가 필요하다면, 광활하고 깊은 우주 공간을 이동할 때 로켓을 사용하지 않고 어떻게 에너지를 얻을 수 있을까? 우선, 우주 공간은 '텅 빈' 곳이 아니다.

태양계의 중심으로 돌아가 태양에 대해 생각해 보자. 태양은 지구와 다른 행성들이 공전하는 거대한 핵융합 용광로이자 무거운 닻일 뿐만 아니라 지구를 따뜻하게 하고 생명체가 번성하게 하는 빛의 원천이다. 잠깐만. 태양의 빛은 지구와 태양 사이의 공간을 가득 채우고 있다. 우주선을 추진하거나 동력을 공급하는 데 이 빛이나 우주선에 실을 필요가 없는 다른 형태의 에너지를 사용할 수 있을까? 두 가지 모두 가능하다.

우주선은 햇빛에 포함된 에너지를 전력을 공급하는 데 흔하게 사용한다(7장 참조). 빛의 강도가 비교적 큰 태양 근처에 머무는 한, 현대의 태양 전지판은 우리가 상상할 수 있는 대부분의 로봇과 유인 임무에 충분한 전력을 생산할 수 있다. 5장 광자 로켓에 대한 논의에서 빛 입자, 즉 광자는 정지질량은 없지만 운동량을 갖는다는 것을 배웠다. 광자 로켓이 광선을 방출하면 작용 반작용의 원리에 따라 방출된 빛의 운동량이 로켓을 다른 방향으로 움직이게 하고, 이 과정에서 시스템의 전체 운동량이 보존된다. 태양 돛은 광자를 방출하는 대신 들어오는 태양 광자를 반사해 추진력을 만들어 내며, 광자 로켓보다 2배 높은 효율로 이 작업을 수행한다. 광자가 돛에 충돌할 때 운동량이 한 번 증가하고, 빛이 도달한 방향과 반대 방향으로 반사될 때 또 한 번 운동량이 증가한다.*

태양 광자를 '공짜로' 사용하여 추진하려면 우주선이 매우 가벼워야 하고, 의미 있는 가속도나 추진력을 얻기 위해서는 많은 빛을 반사해야 한다. 이 모든 것은 다시 아이작 뉴턴 경에게로 돌아가게 한다.

---

* "에너지 보존 법칙은 어떻게 되는가? 이 과정에서 돛을 단 우주선을 가속하는 에너지는 어디에서 오는 건가?"라고 물을 수 있다. 정답은 빛의 광자이다. 빛은 에너지와 운동량을 가지고 있으며, 표면에서 반사될 때 전달된 에너지는 광자의 에너지 손실로 간주되어 빛의 파장이 길어지고 에너지가 감소한다.

$$F = ma \text{(힘=질량×가속도)}$$

이 경우, 힘은 태양으로부터 주어진 거리에서 태양빛의 일정한 힘을 나타내며, 가속되는 물체의 질량이 작은 경우에만 큰 가속으로 바뀔 수 있다. 이 태양으로부터의 거리에서는 태양빛의 힘이 변하지 않으므로 질량과 가속도의 곱은 변할 수 없다. 그렇다면, 하나가 커지려면(a, 가속도) 다른 하나(m, 우주선의 질량)가 작아져야 한다. 따라서 빛을 반사하는 물체는 가능한 한 크고(면적당 최대한 많은 힘을 획득하기 위해) 가능한 한 가벼워야 한다(반사판의 면적이 커질수록 자연히 질량이 커져서 결과적으로 가속도가 줄어든다는 점을 염두에 두어야 한다). 우리 조상들이 바람에 포함된 에너지를 최대한 활용해 크고 가벼운 돛으로 항해하는 배를 추진하는 방법을 익혔던 것처럼, 우리도 태양빛 돛을 만들어 빛을 반사하고 햇빛을 이용해 항해할 수 있다.*

태양 돛으로 우주선을 추진한다면 로켓처럼 가슴을 두근거리게 하는 흥분은 없다. 대신 점점 더 빠른 속도로 가속될 때 햇빛에 반사되어 반짝이는 반사 돛이 우아함을 자아낸다.

많은 사람들이 직관적으로 태양으로부터 바깥쪽으로 이동하는 데는 태양 돛이 좋지만 그 외의 다른 용도로는 적합하지 않다고 생

---

* 안타깝게도 여기에는 종종 사람들을 혼란스럽게 하는 명명 규칙이 있다. 태양 돛은 태양이 방출하는 또 다른 실제 입자의 흐름인 태양풍으로 나아가지 않는다. 태양 돛 항해를 설명하기 위해 풍력 항해의 비유를 사용하는 것은 충분히 그럴듯하지만, 사람들은 종종 태양 돛 항해가 태양풍으로 인해 나아가는 것으로 생각하는데, 이는 사실이 아니다. 풍력 돛처럼 태양풍을 반사하는 돛이 있지만 이것은 전기 돛 또는 자기 돛이라고 하며 이 책 뒷부분에 설명되어 있다.

각한다. 이 경우, 그리고 우주선 궤도 역학(우주에서 물체를 움직여 원하는 곳으로 이동시키는 방법을 연구하는 학문)의 과학에서 종종 직관은 우리를 잘못된 방향으로 이끌 수 있다. 태양 돛은 태양으로부터 바깥쪽으로 이동하는 데 유용하지만, 그 경로가 반드시 일직선일 필요는 없다. 태양빛이 돛에서 반사되는 각도를 변경하기만 하면 바깥쪽, 안쪽, 위쪽, 아래쪽 등 원하는 모든 방향으로 이동하도록 조종할 수 있다.그림 6.1. 우선, 지구는 시속 110,000km의 속도로 태양 궤도를 돈다는 사실을 기억하라. 지구에서 우주로 보내는 모든 것은 동일한 속도로 시작된다. 여기에 우주로 발사한 로켓이 제공하는 에너지를 더하면 태양 주위를 도는 태양 돛 우주선의 시작 궤도를 갖게 된다. 우주에서 멈춰있는 것은 없다!

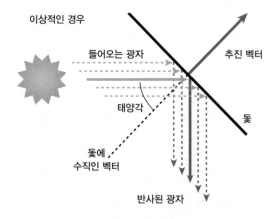

그림 6.1. 태양 돛의 작동 원리. 태양 돛은 로켓은 아니지만 로켓과 동일한 기본 물리 원리(운동량 보존 법칙)를 따르며, 매우 흥미로운 방식으로 작동한다. 태양 돛을 태양을 왼쪽에 둔, 빛을 완벽하게 반사하는 평면 판이라고 생각하자. 돛이 어떤 각도로 기울어져 있든 입사되는 빛 입자(광자)는 반사되어, 입사되는 광자의 각도와 에너지에 따라 돛에 순 추력을 만들어 낸다. 광자는 돛에 반사되면서 약간의 에너지를 잃는다(그 과정에서 실제로 색이 변한다). 광자에서 손실된 에너지는 돛에 운동량으로 전달되어 돛을 가속한다.

기존 속도 벡터(우주선이 이미 가고 있는 궤도 방향)를 따라 가속하면 태양 돛 우주선의 궤도 에너지가 증가하면서 태양으로부터 나선형으로 멀어진다. 돛을 기울여 속도 벡터와 반대 방향으로 추력을 얻으면 궤도 에너지가 감소하면서 태양의 중력에 의해 돛이 안쪽으로 당겨져 태양을 향해 나선형을 그리게 된다. 태양에 가까워질수록 태양빛의 힘이 커지고 멀어질수록 약해지기 때문에 태양 돛 우주선이 태양을 향해 떨어질수록 가속도가 증가하고 더 쉽게 가까워진다. 반대로 태양 돛 우주선이 태양에서 멀어질수록 태양빛의 힘이 약해져 가속도가 무시할 수 있을 만큼 낮아질 때까지 감소한다. 돛을 위아래로 기울이면 궤도면 밖으로 가속하여 우주선이 황도면 위나 아래로 갈 수 있다.*

태양빛의 힘은 태양빛 우주선과 태양 사이의 거리가 가까울수록 커질 뿐만 아니라 역제곱 법칙($1/r^2$)에 따라 비선형적으로 커진다는 점에 유의해야 한다. 여기서 r은 태양으로부터의 거리다. 간단히 말해 태양과의 거리, 즉 지구 궤도 거리가 2배로 늘어나면 (직관적으로 생각할 수 있는 것처럼) 힘이 절반으로 줄어드는 것이 아니라 4배로 감소한다($1/2^2=1/4$. 그러므로 지구 근처에서 돛을 펼쳤을 때보다 1/4의 추력밖에 얻지 못한다). 반대로 거리를 지구 궤도 거리의 1/2로 줄이면 돛에 가해지는 힘은 2배가 아니라 4배로 증가한다! 거리를 1/3로 줄이면 힘은 9배(3^2)로 커진다. 성간 여행에서 돛을 매

---

* 황도는 태양 주위를 도는 지구 궤도가 만드는 평평한 면으로, 태양계 천체의 위치를 설명할 때 주요 기준면이 된다. 태양계 대부분의 행성, 소행성, 혜성은 황도에 있거나 몇 도 정도 차이로 그 부근에 있다.

력적으로 만드는 것은 바로 이런 힘의 증가다. 태양 가까이 배치된 크고 매우 가벼운 태양 돛은, 태양계를 빠르게 탈출해서 다른 별까지 이동하는 데 필요한 힘을 경험한다.

태양 돛 분야의 선구자인 그레고리 매틀로프 교수는 원자 1개 층의 매우 강한 물질로 만든 킬로미터 단위 지름의 돛을 사용하면 0.003c 이상의 속도를 달성해 1,400년 만에 알파 센타우리에 도착할 수 있다고 계산했다.[2] 그가 처음 계산했을 때는 그 정도로 큰 돛을 만들려면 아직 알려지지 않은 재료가 필요했는데, 이것을 '언옵 태이니움unobtainium'(얻을 수 없는 물질이라는 뜻—옮긴이)이라고 불렀다. 그러나 2004년 그런 큰 돛을 만드는 데 필요한 특성을 가진 그래핀(또 등장했다)이 발견되었다. 안타깝게도 아직은 가장 단순한 태양 돛을 설치하는 데 필요한 규모의 그래핀을 만드는 건 현재의 기술력을 넘어서는 일이다. **하지만 물리적으로는 가능하다.**

합리적인 시간 내에 성간 항해를 가능하게 하는 데 필요한 돛을 만드는 일은 얼마나 멀리 있을까. 이 질문에 답하기 위해, 최근 잇따라 성공한 태양 돛 실증 임무를 생각해 보자. 2010년대에는 나노세일-D,[3] 라이트세일 1, 2,[4] 이카로스IKAROS[5]가 모두 비행에 성공했다. 곧 더 많아질 것이다. NASA의 근지구 소행성NEA 정찰선은 발사하고 약 2년 후인 2022년에 86m² 크기의 태양 돛으로 소형 과학 우주선을 추진하여 소행성을 근접 비행하려는 NASA의 미션이다.[6](근지구 소행성 정찰선은 2022년 11월 16일에 발사되었지만 현재 통신이 되지 않고 있는 상태다.—옮긴이) 솔라 크루저Solar Cruiser는 현재까지 계획된 가장 야심찬 태양 돛 미션이다. 1,653m² 크기의 돛을 사용해 태양 돛이 제공하는 지속적인 추진력을 통해서만 도달할 수 있는, 이전에는 이를 수 없었던 궤도와 태양계 위치에 도달할 수 있는 능력을 입증할 예정이다.[7]

이 모든 임무는 성공적으로 비행을 마쳤거나 향후 몇 년 내 비행을 위해 개발 중이다. 시간이 지남에 따라 비행하는 돛의 크기에는 눈에 띄는 추세가 있다. 나노세일-D와 라이트세일 1, 2($10 \sim 32\text{m}^2$), NEA 정찰선($\sim 10^2\text{m}^2$), 솔라 크루저($\sim 10^3\text{m}^2$)로, 점점 커지고 있다. 다음에는 10^4m^2가 될까? 매틀로프가 구상한 10^6m^2 크기의 돛을 제작할 수 있을 때까지 얼마나 걸릴까? 현재와 가까운 미래의 태양 돛은 성간 항해에 필요한 규모에서는 거리가 멀지만, 그래도 그쪽을 향해 나아가고 있다.

태양 돛은 추진력을 제공하기 위해 비추는 빛의 출처와는 상관이 없다. 태양 돛이 태양 근처를 떠날 때 급격히 줄어드는 추진력을 레이저의 인공 빛으로 비춰서 극복할 수 있을까? 대답은 '그렇다'이지만 몇 가지 중요한 약점이 있다.

우선, 레이저는 특정 파장에서 강력한 광선을 만들어 낼 수 있으며, 가능한 최대 추진력을 얻기 위해 돛 소재가 가장 많이 반사하는 빛의 색과 일치하도록 파장을 조정할 수도 있다. SF처럼 보이지만, 레이저 광선은 햇빛과 동일한 자연법칙을 따르기 때문에, 광선의 크기는 거리에 따라 점차 커지고 강도는 약해진다. 레이저 시스템에 적절한 렌즈가 부착되어 있다면 렌즈의 초점을 지나갈 때까지는 역제곱 감쇠를 피할 수 있으며, 그 이후에 광선이 갈라지기 시작해 점점 약해진다. 레이저로 구동되는 돛에 대한 대부분의 제안서는 빔이 여전히 초점이 맞춰지거나 혹은 정렬되어 빔 강도의 역제곱 강하가 발생하지 않는 근거리 영역에서 레이저를 사용할 것을 제안한다. 두 경우 모두 레이저 빛은 태양빛에 비해 짧고 강력하게 시작해 태양빛만으로는 불가능한 추력을 제공할 수 있다는 이점이 있다.

고출력 레이저의 개발 현황은 어떠하며, 성간 항해에 필요한 규모에는 어느 정도 근접해 있을까?*

다른 기술들과 마찬가지로 레이저와 메이저(마이크로파에 해당하는 레이저)는 앨버트 아인슈타인이 발견하고 정량화한 광전효과 (빛이 개별 단위인 광자로 에너지를 전달한다는 사실을 보여준)의 이론적 가능성에서 성장했다. 아인슈타인은 이것으로 노벨상을 받았다. 1950년대에 이르러서야 선구자 찰스 타운스와 시어도어 메이먼이 실험실에서 레이저를 제작하고 시연했다.[8] 그 이후로 레이저는 출력 수준, 파장 조정 가능성, 전반적인 광선 품질, 그리고 무엇보다도 연속 작동성이 향상되었다. 2,000조 와트에 달하는 극도로 강력한 레이저가 시연되었지만, 그 시간은 1조 분의 1초 정도로 매우 짧다.[9] 필요한 것은 수억 또는 수십억 와트의 출력을 가진 고출력, 고집속, 연속 작동 레이저이다. 우주 레이저 추진에 필요한 출력 수

---

* 내 나이를 계속 공개하게 되는데, 경력을 시작했을 때 나는 '스타워즈(Star Wars)'라고 알려진 로널드 레이건의 전략 방위 이니셔티브에서 일했다. 내가 일했던 분야 중 하나는 고출력 레이저를 사용해 날아오는 핵탄두를 폭파하는 것이었다. 수십 킬로와트 이상의 레이저 출력이 논의되던 당시에는 레이저를 생산하는 데 사용되는 시설이 (학교 건물 크기만큼) 거대했고, 불화수소나 불화중수소 같은 독성 및 부식성 화학물질을 많이 혼합해야 했다. 오늘날에는 더 높은 출력의 레이저를 디젤 발전기로 구동할 수 있으며 트럭 뒤에 장착할 수 있다. 이것이 바로 기술 발전의 속도다.

준에 근접한 레이저 개발을 모색할 수 있는 곳은 군대이며, 군대는 레이저를 개발해야 하는 나름의 이유가 있다.

미 육군은 250~300킬로와트의 연속 출력을 가진 간접 사격 방어 능력-고에너지 레이저IFPC-HEL를 제작하고 시험할 계획이다.[10] 발표된 연구에 따르면 이전에 시험한 미 육군 레이저는 수십 킬로와트의 출력으로, 라이트세일 크기의 궤도를 도는 돛에 광선을 배치하고 유지하기에 충분한 조준 능력을 갖추고 있었다.[11] 다른 유망한 기술들도 개발되고 있다. 초기 광선 출력이 메가와트에서 기가와트까지를 필요로 하지 않고 표적에 대한 레이저 출력을 높일 수 있는 것으로, 광자 재활용이 그중 하나다. 기존의 레이저 추진 방식에서는 레이저 광선의 광자가 돛에 부딪혀 운동량을 전달한 다음 반사되어 영원히 손실된다. 이러한 손실이 에너지 낭비라는 사실을 깨달은 필립 루빈, 배영(서울대학교 물리학과를 졸업하고 1982년에 버클리 대학에서 물리학 박사를 받은 한국인 과학자—옮긴이) 박사 등은 이러한 광자를 재사용하는 방법을 제안했다.[12] 광자 재활용을 하면 레이저 빛이 레이저와 돛 사이에서 반복적으로 반사되어 우주선으로의 에너지 전달을 극대화한다. 레이저와 돛이 역반사기 역할을 하는 경우, 즉 입사광이 광원에서 나온 경로를 따라 반사된 뒤에 다시 반사되고 새로 생성된 광자가 추가되면 광선의 훨씬 더 많은 전력이 돛으로 전달되어 가속도와 속도가 증가한다.

성간 탐사선을 발사하는 데 필요한 고출력 레이저 시스템을 만들기 위한 또 다른 혁신적인 접근 방식도 있다. 필요한 출력의 단일 레이저 시스템을 설계하는 대신 상대적으로 작은 저출력 레이저를 수백에서 수천 개 제작하고 위상 배열phased array이라고 하는 방식으로 그 출력을 결합하는 것이 더 용이할 수 있다. 이렇게 하면 기술 개발이 더 쉬워질 뿐만 아니라, 현재와 같은 선형 개발 방식에서 필요한 출력 및 기타 속성을 갖춘 단일 레이저 시스템으로 가는 데 비용이 많이 든다고 가정할 때, 비용도 더 저렴할 것이다. 모든 신제품의 첫 제품을 개발하는 데는 많은 비용이 든다. 상업용 제품의 경우, 기업은 첫 제품에 많은 비용을 청구하는 것이 아니라 사본을 많이 판매해서 수익을 창출한다. 이미 개발 비용이 지불되었으므로 두 번째부터 n번째 제품을 만드는 데는 당연히 비용이 적게 들기 때문이다. 좋은 예가 바로 신차 디자인이다. 미국 자동차 산업 전반에서 자동차 신규 모델 연구 개발 비용은 10억 달러가 훨씬 넘는다. 만약 회사가 자동차를 한 대만 만든다면 수익을 내기 위해 고객에게 10억 달러 이상의 비용을 청구해야 할 것이다. 그 대신 수천 대를 만들어 판매하면 각 차량의 수익을 합산하여 개발 비용을 회수할 수 있다.

다음으로, 레이저를 어디에 배치하느냐에 따라 성능에 큰 차이가 생긴다. 레이저를 작동하는 데 필요한 전력을 공급 가능한 전력 시스템이 구축된 지구에 레이저를 배치하면, 지구의 자전으로 인해 2개 이상의 전력이 필요할 가능성이 높다. 이 경우 돛의 관점에서 레이저 광원은 잠깐 동안 시야에 들어왔다가 수평선 아래로 내려가 지구가 충분히 자전하여 다시 볼 수 있을 때까지는 접근이 불가능하다. 이 문제는 행성에 레이저 광선 시설을 2개 이상 설치해서 하나 이상의 레이저 광선 시설이 항상 시야에 들어오도록 하면 해결할 수 있다. 또 다른 선택은 궤도에 중계소를 설치해, 그 아래에서 자전하는 지구가 발사하는 레이저 광선을 반사하거나 방향을 바꿔 돛 우주선에 레이저 빔이 계속 도달하도록 하는 것이다. 그러면 레이저가 상대적으로 밀도가 높고 습기가 많은 대기를 통과할 때 산란으로 에너지가 손실되어 실제로 돛에 닿는 레이저 빛의 양이 줄어드는 문제가 있다. 이러한 이유로 대기 중 가장 밀도 높은 부분보다 높은 고도의 위치가 고려되고 있다. 또 한 가지 고려해야 할 중요한 문제가 있는데, 돛을 조준하는 동안 실수로 다른 지구 궤도 위성을 비추는 것은 전쟁 행위로 간주될 수 있다.

레이저를 지구 궤도가 아닌 태양을 공전하는 우주 공간에 배치하면 '돛을 오랫동안 시야에 유지'하는 문제가 대부분 해결된다. 하지만 전력은 어디에서 얻을 수 있을까? 태양 전지판 배열? 확실히 가능하긴 하지만 필요한 전력 수준이 어마어마하게 높기 때문에 규모가 엄청나야 한다. 지구 또는 우주에 기반을 둔 고출력 레이저 시스템의 경우, 레이저가 우주선을 성간 항해로 보내지 않을 때는 무기로 사용될 수 있다는 점에서 잠재적인 법적 문제가 있으며, 이를 금지하는 조약도 존재한다.

마지막으로, 햇빛에 의해 먼저 가속된 다음 레이저에 의해 추진되는 좀 더 큰 돛을 사용하는 접근 방식에서는, 앞서 언급했듯이 추력을 생성하는 빛의 강도가 거리에 따라 약해진다. 이 문제는 여러 개의 레이저를 하나하나 태양으로부터 점점 더 멀리 배치하여, 하나의 레이저 광선이 약해졌을 때 우주로 나가는 돛이 다음 레이저의 시야에 들어가고 그렇게 계속 가장 가까운 레이저가 작업하게 하면서 돛 우주선을 빠르게 가속하게 만듦으로써 해결할 수 있다. 또는 로버트 포워드 박사가 1984년에 발표한 〈레이저를 이용한 왕복 성간 여행〉이라는 논문에서 처음 제안한 것처럼, 목성 궤도 근처에 대형 프레넬렌즈(거대한 돋보기라고 생각하면 된다)를 배치하여 확산된 레이저 광선을 포착하고 다시 초점을 맞춰 바깥쪽으로의 가속을 계속할 수 있다.[13]

언젠가 우리를 별로 데려다줄 기술을 개발하는 비영리 단체인 브레이크스루 스타샷Breakthrough Starshot 덕분에 최근 큰 주목을 받고 있는 레이저 항해에 대한 또 다른 접근 방식이 있다.[14] 레이저 항해로 전환하는 초대형 태양 돛이나 레이저 가속에 최적화된 대형 돛으로 시작하는 대신, 1m² 정도의 작은 돛을 매우 강력한 지구 기반 레이저를 이용해 0.1c 이상으로 빠르게 가속하는 방법을 구상하고 있다. 성능의 관점에서 볼 때 이 접근 방식에는 몇 가지 분명한 장점이 있다. 예를 들어, 질량이 1kg(뉴턴의 법칙에서 'm') 미만인 소형 우주선(건포도만 한!)에 큰 힘(F)을 제공하는 고출력 레이저를 사용할 경우 가속도(a)가 상당히 커질 수 있다. 가속도가 워낙 큰 덕분에 수십 분 안에 0.1c에 도달해 우주선이 태양계를 빠르게 벗어나게 한다는 목표를 달성하게 되는 것이다. 이 접근 방식에는 지금까지 논의한 다른 모든 접근 방식과 마찬가지로 장단점이 있다.

앞에서 언급했듯이 가장 큰 '장점'은 우주선의 크기가 작다는 것이다. 우주선 소형화 추세가 계속되거나 가속화된다면, 보이저(일반 자동차 크기와 무게 정도)와 같은 무거운 우주선에서만 가능했던 일이 미래에는 건포도 크기의 우주선으로도 가능하게 될 것이다.

오늘날 정부, 산업체, 대학에서는 길이, 너비, 깊이가 수십 센티미터에 불과하고 질량이 수십 킬로그램도 되지 않는 소형 우주선인 큐브 위성을 날려 보내고 있다. 20년 전만 해도 10~100배 더 크고 무거운 우주선이 필요했을 임무를 많은 대학에서 수행하고 있는 것이다. 지금은 확실히 작고 성능이 뛰어난 우주선을 선호하는 추세이며, '칩샛(칩 위성)'이라고도 불리는 스타샷에서 사용하는 우주선은 믿기지 않을 정도로 작다.

다음으로, 돛의 크기와 질량을 작게 유지해야 한다. 지난 몇 년 동안의 재료과학의 발전은 고무적이다. 그래핀에서 회절 메타 물질에 이르기까지, 견고하고 반사율이 높으며 열에 잘 견디는 소재가 지속적으로 발견되고 만들어지고 있다. 엄청나게 무겁지 않으면서(돛의 질량이 반드시 작아야 한다는 점을 기억하라) 99.9% 이상의 효율로 빛을 반사할 수 있는 소재를 찾는 게 이상적이지만, 이것이 반드시 최선의 해결책은 아니다. 필요한 것은 질량이 작고, 충분한 추진력을 얻기 위해 충분한 빛을 반사하며, 입사하는 **빛의 에너지를 많이 흡수하지 않는** 돛이다. 반사율이 30% 정도로 낮은 초경량 소재라도 나머지 빛이 흡수되지 않고 통과할 수 있다면 충분하다.[15] 그렇게 짧은 추진 기간 동안 너무 많은 에너지를 흡수하면 원하는 속도에 도달하기도 전에 돛이 파괴될 수 있다.

어떤 성간 임무와 마찬가지로 스타샷 돛 우주선도 우주를 여행하는 동안 운석과 먼지에 부딪힐 가능성이 매우 작긴 하지만 있으며, 이로 인해 임무가 중단될 수 있다.

마지막으로 돛의 측면에서는 방향 조정 문제가 있다. 낮은 가속도를 갖는 태양 돛의 경우, 임무에 크게 영향을 미치거나 우주선이 의도한 목적지에 도달하지 못하는 일이 없도록 몇 분 또는 몇 시간 안에 돛의 방향을 변경하여 추력 오류를 수정할 수 있다(0.1c의 속도로 여행하는 우주선이 실수로 다른 행성에 충돌하는 일은 절대 일어나서는 안 된다!). 레이저로 추진되는 대형 태양빛 돛의 경우, 몇 초 또는 몇 분마다 정밀하게 조정해야 하는 등 기동 요건이 더욱 까다로워진다. 설계, 레이저 출력 수준 등에 따라 돛이 0.1c까지 가속하는 데 며칠, 몇 주, 심지어 몇 달이 걸린다는 점을 감안하면 조준 오류와 방향 오류를 수정할 시간은 충분하다. 스타샷이 구상한 소형 우주선 접근 방식에서는 조준 오류를 수정할 시간이 많지 않다. 전체 가속 단계는 단 몇 분 만에 끝나며, 조준이 잘못되면 우주선이 의도한 목표물을 완전히 놓칠 수 있다. 분석에 따르면 돛은 조준 오류를 스스로 교정하는 방식으로 모양을 만들 수 있으며, 이를 통해 '광선을 타고' 경로를 유지할 수 있다. 마이크로파 돛을 사용한 예비 실험에 따르면 이 접근 방식이 효과가 있을 수 있다.[16] 이 모든 주의 사항을 고려할 때 스타샷 접근 방식은 가까운 기간 내의 성간 임무에 유일하게 실행 가능한 것으로 간주되며, "광속의 20% 속도로 초경량 무인 우주 비행을 가능하게 하는 새로운 기술에 대한 개념 증명을 보여주고 한 세대 안에 알파 센타우리로의 비행 임무를 위한 기반을 마련"한다는 목표를 달성할 수도 있다.[17] 성공을 기원할 수밖에.

광자를 반사하여 추력을 얻는 또 다른 유형의 돛은 마이크로파 돛이다. 전자기 스펙트럼은 가장 긴 파장(극저주파, 수천 킬로미터 길이)부터 나노미터(감마선)에 불과한 파장까지 모든 빛의 파장을 포괄한다. 태양 돛에 사용되는 스펙트럼의 일부는 사람이 볼 수 있는 작은 범위에 속하는 스펙트럼의 '가시광선' 부분으로 400~700나노미터(nm)이며, 이는 당연히 태양빛 스펙트럼의 지배적인 부분이다. 스펙트럼의 또 어떤 부분을 돛으로 사용할 수 있을까? 원칙적으로 해당 파장에서 반사율이 높은 가벼운 소재가 있다면 어떤 것이든 사용할 수 있다. 1mm에서 약 30cm 사이의 범위, 즉 마이크로파가 눈에 띄는 것은 당연한 일이다. 왜? 우리 인간은 스펙트럼의 마이크로파 영역에서 광자를 효율적으로 만들어 내고 사용하는 데 매우 능숙하기 때문이다.

다른 수많은 기술과 마찬가지로 마이크로파와 인간의 관계는 전쟁에서 비롯되었다. 1940년대 초, 마이크로파를 발생시키는 장치인 마그네트론 튜브가 발견되었고, 이후 빠르게 개발되어 영국으로 폭격하러 오는 독일 비행기를 탐지하는 방법으로 사용됐는데, 이것이 바로 레이더라는 멋진 발명품이다. 이제 전 세계에서 레이더가 하늘을 스캔하고 비행기, 해상 선박, 인공위성, 심지어 우주 쓰레기를 추적하지 않는 지역은 거의 없다. 우리는 음식을 빨리 조리하기 위해 마이크로파를 사용하고, 과속 딱지를 떼이면 마이크로파를 저주한다. 가장 좋은 점은 효율적으로 생성해 낼 수 있다는 것이다. 입력 에너지의 65% 이상을 마이크로파로 방출시킬 수 있다. 레이저의 평균 효율이 10~30%인 것과 비교하면 광선 생성에 필요한 입력 에너지가 처음부터 50%까지 줄어드는 것이다. 현재 마이크로파를 만드는 비용도 비슷한 출력의 레이저를 만들 때보다

10배 정도 저렴하다.[18] 그렇다면 마이크로파 광선 에너지 돛을 만들 수 있을까?

그렇다. 가능하며, 이를 위한 다양한 접근 방식이 있다. 태양 또는 레이저 돛과 마찬가지로 돛을 만드는 데 사용되는 재료는 밖에서의 광선 에너지원(이 경우 마이크로파 광선)에 사용되는 파장에서 반사율이 높아야 한다. 멋진 이름을 가진 스타위스프Starwisp 개념은 대형 철망 돛(파장 때문에 마이크로파 돛은 단단한 판일 필요가 없다)을 반사판으로 사용한다.[19] 이 개념을 고안한 로버트 포워드는 스타위스프 돛을 추진 시스템의 반사판이자, 도착 후 목표 별을 연구하는 데 사용될 극히 가볍고 작은 기기를 설치할 곳이 되도록 구상했다. 포워드의 초기 스타위스프 설계에는 줄의 간격이 3mm인 1km 정사각형 철망을 사용했으며, 기기를 포함한 무게가 29g에 불과했다. 또 다른 사람들은 이 설계를 보고 철망 대신 탄소섬유 소재를 반사판으로 사용하는 등 다양한 변형을 시도했다.

실제로 작은 돛과 같은 물질을 마이크로파 광선으로 띄우는 실험이 수행되었으며, 이러한 물질이 가속 중에 비대칭으로 인해 광선에서 벗어나지 않고 중심을 지키도록 만드는 방법도 실험되었다.[20] 물리학적인 관점에서 볼 때 이 개념은 타당하다. 하지만 공학적인 측면에서는…

우주선 전체와 기기의 질량을 30g 미만으로 소형화하기 위해 필요한 창의성 외에도 필요한 광선의 크기가 있다. 마이크로파 광선이 퍼지는 방식과 기타 물리학적 제약으로 인해 1km 스타위스프용 마이크로파원의 구경은 지구 지름의 4배인 50,000km이며 10기가와트의 전력이 필요하다.* 대부분의 성간 추진 시스템과 마찬가지로 크기가 문제다.

앞서 설명한 바와 같이 태양풍은 이온화된 수소(양전하를 띤 양성자와 음전하를 띤 전자가 너무 많은 에너지를 가지고 있어서 중성 수소로 쉽게 재결합하지 못한다)와 알파입자(양성자 2개와 중성자 2개가 있지만 전자는 없는 이온화된 헬륨)의 연속적인 흐름으로 만들어진다. 과학자들은 태양풍을 플라스마라고 부르는데, 이는 양전하를 띤 입자와 음전하를 띤 입자가 거의 같은 비율로 이온화한 원자로 채워져 있다는 의미이다. 이 태양풍 플라스마는 초당 300~800km의 속도로 태양에서 흘러나오는데 이 때문에 태양풍을 활용하는 일이 아주 흥미로워지기 시작한다. 이 태양풍 입자는 운동량을 가지고 있으므로, 이는 빛과 마찬가지로 우주선이 이것을 흡수하거나 반사하여 추력을 얻을 수 있어야 한다는 것을 의미한다.

큰 전류를 전달하는 초전도 전선으로 이루어진 커다란(대략 수백 킬로미터 길이) 원형 고리를 우주에서 펼친다고 상상해 보자. 이 전선은 초전도이기 때문에 시간이 지나도 전류가 약해지지 않는다. 심우주와 비슷한 온도로 냉각하면 전류 손실 없는 초전도체가 되는 물질이 많다. 전선 고리를 통해 흐르는 전류에 의해 자기장이 만들어진다. 태양풍의 하전입자가 고리에 들어가면 고리의 자기장

---

* 10기가와트는 대략 원자력발전소 10기의 출력에 해당하는 엄청난 전력이지만, 믿기 힘들 정도의 양은 아니다. 그러나 돛에 필요한 전력의 경우, 전기를 마이크로파로 변환하는 효율, 발전소와 돛 사이에서 발생하는 광선의 전력 손실 같은, 전력원과 돛 사이의 온갖 비효율성을 고려하면 필요한 입력 전력은 50기가와트 정도로 훨씬 더 클 수 있다.

에 의해 휘어지고 고리에 운동량을 제공한다. 태양풍은 세제곱미터당 수백만 개의 양성자와 전자를 포함하고 있으며, 이러한 입자가 전달하는 운동량의 대부분은 우주선이 펼친 고리를 통해 우주선에 전달되어 이론적으로 태양풍 자체의 속도에 가깝게 가속할 수 있다. 따라서 이 추진 시스템을 사용하면 우주선을 태양계 가장자리와 그 너머로 빠르게 보낼 수 있다. 안타깝게도 이 속도조차도 실제 성간 여행을 하기에는 너무 느리기 때문에 센타우리 시스템까지의 여행 시간을 2,000~3,000년으로밖에 단축하지 못한다. 로켓 기반 접근 방식보다는 분명 낫지만 충분히 빠르지는 않다.

그러나 이 시스템은 실제 성간 항해의 다른 쪽 끝에서 브레이크 역할을 할 수 있다. 추진 시스템에 대한 논의에서는 우주선을 고속으로 가속하여 다른 별까지의 여행 시간을 최대한 단축하는 데 중점을 두었다. 우주선이 속도를 크게 잃지 않는다면 목표 항성계를 매우 빠르게 통과해 영원히 깊은 우주로 계속 나아갈 것이다. 속도를 늦추고 멈추려면 처음 여행을 시작할 때 사용한 것과 같은 규모의 추진력이 필요하다. 빨라진 속도는 반드시 느려져야 하는데, 뉴턴은 그에 대한 에너지 투입량이 같아야 한다고 말한다. 이 때문에 로켓 방정식은 훨씬 더 폭정적으로 변한다. 우주선은 가속에 필요한 추진제뿐만 아니라 감속을 위해 적어도 그만큼 더 많은 추진제를 운반해야 하는데, 이는 처음에 우주선을 가속할 때 더 많은 추진제가 필요하다는 것을 의미한다. 그 '추가' 감속 추진제도 임무를 시작할 때 가속되어야 하기 때문이다. 아아!

속도를 늦추는 것은 자기 돛이 잠재적으로 흥미로워지는 부분이다. 우주선이 여행 중에 어떤 방법으로 가속하든 상관없이(당신이 선호하는 방법을 선택하라), 목표 항성계에 진입할 때 거대한 자기 돛을 펼치고 목표 항성의 바깥쪽으로 흐르는 항성풍과의 상호작용을 브레이크처럼 사용해 추진제를 전혀 사용하지 않고도 우주선을 감속할 수 있다. 이 접근 방식에도 해결해야 할 성가신 실용적인 문제들이 있다. 필요한 자기장을 만들기 위해 높은 전류를 생성하는 수백에서 수천 킬로미터 길이의 초전도 전선 고리를 제조, 적재, 배치해야 하는 것이다.

태양풍을 이용하는 또 다른 방법은 대부분의 학생들이 배운(그리고 아마도 금방 잊어버렸을) 간단한 과학 원리를 활용하는 것이다. '반대는 끌어당긴다', 그리고 '같은 것은 서로 밀어낸다'.

전기 돛E-sail은 양전하를 띤 긴 전선을 사용해 태양풍 입자의 운동량을 우주선 추진에 활용한다. 양전하를 띤 태양풍 양성자와 알파입자가 양전하를 띤 전선에 접근하면 전선과 들어오는 입자가 전기장의 상호작용을 통해 서로를 밀어내면서(같은 것은 서로 밀어낸다) 전진하는 운동량의 대부분을 전달한다.그림 6.2. 음전하를 띤 전자는 양전하를 띤 전선에 끌려가 흡수되어 작은 전류를 생성하고 항력, 즉 속도를 늦추는 힘으로 작용한다. 논리적인 질문. 양성자와 전자의 수가 거의 같다면 전기적 힘이 상쇄되어 순 추력이 발생하지 않는 것 아닌가? 양성자와 전자의 질량이 같다면 그럴 수 있지만, 그렇지 않다. 양성자는 전자보다 1,836배나 무겁고 전기 돛 시스템에 전달할 수 있는 운동량도 훨씬 크다. 우주선이 포집된 전자를 제거하지 않으면 문제가 된다. 전선이 양전하를 빠르게 잃

그림 6.2. 전기 돛. 태양 돛과 마찬가지로 전기 돛은 태양에서 오는 입자(이 경우 양전하를 띤 태양풍 이온)를 반사한다. 이러한 이온은 양전하를 띤 전선을 둘러싼 전기장과 상호작용하면서 반사되어 전기 돛에 운동량을 전달한다. 전기 돛의 물리학적인 장점은 태양풍이 제공하는 추력이 태양빛 돛에서처럼 급격히 떨어지지 않기 때문에 태양계 바깥쪽까지 측정 가능한 추력을 제공할 수 있다는 것이다.

고 중성이 되어 양성자 반발력과 추진력을 차단하기 때문이다. 우주선 설계자는 전자총이라는 것을 사용해 포집된 전자를 우주선에서 멀리 떨어진 우주로 다시 방출해, 축적된 전자가 해로운 영향을 미치는 일을 방지할 계획이다.

태양풍은 태양빛과 마찬가지로 역제곱 법칙에 따라 거리가 멀어질수록 약해지기 때문에 전기 돛도 태양풍과 동일한 규모에 따라 유용한 추력을 잃을 거라 생각할 수 있지만(태양 돛의 경우 태양과의 거리가 2배가 되면 추력은 원래 거리의 1/4이 되어버린다), 어떤 흥미로운 이유로 그렇지 않다. 전기 돛의 추력은 거리에 따라 거의 선형으로 떨어진다. 즉 2배의 거리에서는 원래의 1/2에 해당하는 추력을 만들어 낸다. 이는 태양계를 벗어나는 우주선을 계속 가속하는 전기 돛의 능력에 큰 영향을 미친다. 목성에서 전기 돛은 (태양 돛처럼) 원래 추력의 4%만 만드는 것이 아니라 원래 추력의 15%를 만들며, 출발 지점에서 16배 더 먼 곳에 도달할 때까지 태양 돛과 같은 수준으로 떨어지지 않는다.

태양계 외곽이나 가까운 성간 공간으로 가는 임무에서는 이러한 추가 추진력으로 인해 전기 돛이 태양 돛보다 훨씬 더 나은 성능을 발휘한다. NASA는 태양 돛과 전기 돛의 상대적 성능을 평가한 결과, 전기 돛이 우주선을 1년에 약 20~30AU의 엄청난 속도로 가속할 수 있다는 사실을 알아냈다.[21] 이는 다른 별을 향한 실제 임무에는 너무 느리지만, 별의 방향으로 초기 단계를 밟는 데는 유용할 수 있다(제2장 참조).

안타깝게도 전기 돛은 매우 큰 크기로 잘 확장되지 않으며, 태양풍이 너무 약해져서 추가 추력을 제공하지 못할 때 이를 가속할 수 있는 광선 에너지를 이용하는 방법도 없다. 레이저가 태양 돛의 추력을 보완하는 것과 같은 방식으로, 감소하는 태양풍을 보완하는 대형 하전입자 광선 프로젝터를 만들 수는 있지만, 하전입자의 기본 물리학으로 인해 궁극적으로는 불가능할 수도 있다. 하전입자의 '같은 것을 밀어내는' 성질 탓에 일반적으로 이러한 하전입자 빔의 양성자는 빠르게 흩어져 초점이 맞지 않게 되므로 필요한 엄청난 거리로 쏠 수가 없다. 빛의 속도에 가까운 속도로 이동하는 상대론적 빔은 빔 자체에 의해 유도된 자기장으로 인해 안쪽으로 모이는 힘을 받는다. 빔에 반대 전하를 띠는 입자(예: 전자)를 조금

넣어주면 (원칙적으로는) 빠르게 퍼지지 않는 중성 입자 빔을 만들 수 있다.[22]

전기 돛은 자기 돛과 같이 우주선이 목표 항성계에 진입할 때 펼쳐져서 브레이크 역할을 함으로써 속도를 늦추는 데 필요한 추진제의 일부를 줄일 수 있다는 점에 주목할 가치가 있다.

지구에서 별까지의 광활한 거리를 가로지르려면 우주선 추진에 혁신적인 발전이 필요하다. NASA 과학자들은 알려진 추진 기술의 적용 가능성을 평가하기 위해 추진 시스템의 효율성(비추력)과 달성 가능한 가속도(추력 대 중량비)를 비교하는 멋진 그림을 만들었다.그림 6.3. 지금까지 설명한 다양한 추진 시스템의 기능 범위가 표시되어 상대적인 강점과 약점을 보여준다. 예를 들어, 가상의 '엔터프라이즈호'(《스타 트렉》에 나오는 우주선 이름—옮긴이)의 워프 드라이브나 '밀레니엄 팰컨호'(《스타워즈》에서 한 솔로가 타던 우주선 이름—옮긴이)의 하이퍼 드라이브와 같이 인간을 태운 우주선에 이상적인 추진 시스템은 그림 오른쪽 상단 모서리에 해당하며, 고효율과 중량 대비 높은 추력으로 작동해 추진제 소비를 최소화하면서 짧은 여행 시간을 가능하게 한다. 안타깝게도 자연은 아직 이러한 특성을 가진 우주 추진 시스템을 보여주지 않았고, 우리는 태양, 레이저, 마이크로파 돛과 같이 효율은 높지만 추력이 낮은 시스템에만 매달리고 있으며, 로봇 탐사선이나 인간을 태운 우주선에 사용할 수 있는 로켓 선택지는 현재 핵융합과 반물질이라는 효율 낮은 이 두 가지밖에 없다. 40만 초의 비추력을 나타내는 수평선은 로켓 기반 기술로 0.1c의 성간 추진에 필요한 최솟값이다. 이보다 효

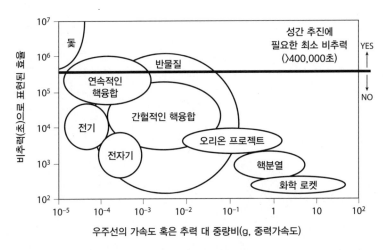

그림 6.3. 추진 시스템 비교. 알려진 우주 추진 기술은 비추력(추진제 사용 효율의 척도)과 가속도 (혹은 추력 대 중량비)의 성능 지표에 따라 분류된다. 성간 임무를 수행하려면 이 두 가지 값 모두 최대한 높아야 한다. 40만 초 비추력을 나타내는 수평선은 탑재형 추진제를 사용하는 경우에 성간 추진을 0.1c로 하는 데 필요한 최솟값을 나타낸다. 핵융합 및 반물질 기반 추진 개념은 많지만 특정 형태만 이론적으로 0.1c를 달성할 수 있다. 이상적인 추진 시스템은 매우 높은 추력과 매우 높은 효율을 가진 오른쪽 상단 모서리에 있다.

율이 낮으면 로켓 방정식의 폭정이 급격히 심해져, 추진제 적재나 여행 시간이 탐사가 불가능할 정도는 아니더라도 실용적이지 않게 된다.

이러한 한계에서 우리는 어디서부터 시작해야 할까?

제7장

성간 우주선
설계하기

최초로 우주에 가고, 홀로 자연과 전례 없는 결투를 벌이는 것,
이보다 더 멋진 꿈이 있을까?

—유리 가가린, 러시아의 우주비행사, 최초로 우주비행을 한 사람

먼 거리를 이동하여 다른 별에 도달할 수 있는 우주선을 만드는 일은 쉽지 않을 것이다. 이건 지나친 말이 아니다. 해결해야 할 여러 기술적인 문제 중 가장 먼저 해결해야 할 추진력 외에도 전력, 통신, 항법, 열 관리, 방사선 보호 등 혁신을 요구하는 수많은 과제가 있다. 그리고 사람이 타는 것을 생각한다면 생명 유지(공기, 물, 폐기물 관리), 식량, 중복성redundancy, 그러니까 당연히 **중복성**이 이 목록에 추가되어야 한다. 유인 우주선에 대해 언급할 만한 또 다른 고려 사항은 기술적 측면이 아니라 심리적, 사회학적, 정치적 측면이며, 이것이 결국에는 가장 어려운 과제가 될 수 있다.

　로봇 성간 탐사는 여러 가지 면에서 유인 탐사와 본질적으로 다르다. 첫째, 탐사에 자금을 지원하고, 제작하고, 발사하고, 운영하는 모든 사람이 당연히 탐사의 성공을 원하지만, 사람이 화물이 되는 탐사보다는 더 많은 위험을 감수해도 되도록 설계되었다는 점이다. 둘째, 규모와 여행 시간에 대한 요구 사항을 인간 승무원이 주도하는 것이 아니라(사람과 사람의 생존을 위해서는 상당한 양의 질량을 운반해야 하므로), 임무를 위해 우주로 보내는 과학 장비와 수집된 자료를 지구로 보내는 능력이 임무의 전체 크기와 규모를 결정한다. 따라서 로봇 임무는 더 간단하며, 이 부분을 먼저 다룰 것이다.

이 논의의 목적을 위해, 추진 문제는 해결되었고, 추진 시스템이 뭐가 됐든 우주선이 약 150~250년 이내에 목적지에 도착 가능하다고 가정한다. 우주선을 현재 비행하는 우주선보다 10~20배 더 오래 작동하도록 설계하는 것도 충분히 어려운 일이지만, 천 년 이상 지속되도록 설계하는 것은 완전히 다른 차원의 난이도다!

지난 15년 동안 우주선과 과학 탑재체의 무게는 스마트폰에서 가장 생생하게 볼 수 있는 상업적인 혁신 덕분에 극적으로 감소했다.* 공학자와 과학자들은 이제 거의 모든 우주선 시스템에서 가벼운 기기와 그에 수반되는 관리용 전자기기, 저중량 센서, 비행 컴퓨터, 그리고 기타 전기로 작동되는 하드웨어를 제작할 수 있다. 재료과학의 발전 덕분에 가벼운 탄소 복합 소재가 지난 수십 년 동안 우주선 구조물을 지배해 온 무거운 알루미늄 구조를 대체하고 있다. 수십 킬로그램에 달하던 장비의 무게는 이제 10배나 가벼워졌다. 우주선 구조물의 질량은 25% 감소했으며, 조만간 50%(혹은 그

---

* 불과 수십 년 전 (수많은 우주선이 설계되었을 때) 비디오카메라, 스테레오 카세트 플레이어, AM/FM/단파 라디오, GPS 수신기, 텔레비전, 컴퓨터, 전화기 등 여러 대의 대형 전자 기기가 수행했던 것과 동일한 기능이 내 주머니 속 '전화기'에 탑재되어 있다.

이상) 감소할 것으로 예상된다.

높은 수준에서 로봇 임무를 설계하는 사람은 우주선이 여행하는 내내 전력이 필요한지, 아니면 처음과 끝에만 전력이 필요한지 결정해야 한다. 우주선이 광년을 가로지르는 동안 보온이나 기능을 유지할 필요가 없다면 전력 문제를 해결하기는 아주 쉽다. 태양 전지판을 설치해 태양계를 떠날 때와 목표 항성계에 진입할 때만 전력을 생성하여 사용하도록 하고, 우주선이 여행하는 동안은 완전히 휴면 상태가 되게 하면 된다. 이 선택지는 확실히 가능하지만, 가는 도중에 발사 시의 조준 오류를 보정하는 경로 수정 기동이 필요하지 않고, 대부분의 비행 동안 과학 자료를 수집하지 않으며, 우주선이 태양의 영향권(그리고 전력을 공급할 수 있는 범위)을 벗어나기 전 최종 속도에 빠르게 도달한다고 가정해야 한다. 이 접근 방식은 우주선이 속도를 늦추거나 멈추지 않아야 하는 경우에도 잘 작동한다. 몇 년, 어쩌면 수십 년에 걸쳐 막대한 비용을 들여서 우주선을 만든 사람들이 빛의 속도에 버금갈 만큼 빠른 속도로 목적지까지 날아가면서 단 몇 시간 동안만 자료를 얻는 것으로 만족할까? 몇 시간 분량의 자료를 얻기 위해 수십 년에서 한 세기를 기다리는 건 쉽지 않은 일일 것이다.

제2장에서 설명한 바와 같이 사전 임무에 사용할 수 있는 전력 선택지 중 일부는 실제 전체 거리 성간 임무에 사용하도록 확장할 수 있지만 대부분은 그렇지 않다. 앞에 나열한 기준이 충족되지 않는 한, 성간 우주의 영원한 어둠 속에서 태양 발전은 선택지가 될 수 없다. 방사성동위원소 열전 발전기는 목적지에 도착하기 훨씬

전에 방사능 열원이 붕괴되어 쓸모없어질 것이며, 화학 배터리는 재충전하지 않은 채 오랜 시간 사용할 수 없다.

핵분열 원자로는 특히 비교적 가까운 목적지나 200년 이내에 도달할 수 있는 목적지로의 임무에 효과적일 수 있다. 핵연료의 양은 관리할 수 있고, 원자로도 설계를 잘하면 고장 없이 오래 작동 가능하지만, 시간이 지나면 원자로를 둘러싼 재료가 지속적인 중성자 충격과 장기간의 핵분열반응으로 생성된 다른 방사능원과의 상호작용으로 인해 붕괴될 수 있다.

다른 별을 향해 가는 경로를 따라 광선 발전소 네트워크를 구축할 수도 있다. 각 발전소가 지나가는 우주선에 전력을 공급하는 것이다. 상당한 인프라가 필요할 것이며, 처음 몇 대의 우주선을 보낼 때는 생각하기 어려울 것이다. 결국, 알파 센타우리까지 4분의 1 거리에 원격 발전소를 보내고 그곳에 정지해서 통과하는 우주선을 기다리는 데 필요한 에너지의 양은 발전소를 그냥 알파 센타우리까지 보내는 데 필요한 에너지의 약 절반이 된다. 가능은 하지만 실용적이진 않다.

핵융합은 고려할 가치가 있는 또 다른 실행 가능한 선택지다. 우주선용 핵융합 원자로는 핵융합 추진 장치(제5장에서 설명)와 마찬가지로 태양에서 일어나는 물리적 과정을 모방하여 열에너지를 만든 다음 유용한 전기에너지로 변환한다. 원칙적으로 핵융합 원자로는 핵분열 원자로보다 연료가 덜 필요하고 방사성폐기물을 더 적게 만든다. 핵융합 발전은 실행 가능한 선택지의 유력 후보에 포함되어야 한다.

지구에서 수백, 심지어 수천 AU 떨어진 탐사선과 통신하는 것도 충분히 어려운 일이다. 4광년 이상 떨어져 있는 탐사선과 통신하는 것은 완전히 다른 문제다. 그리고 선행 임무에 대한 장에서 질문했듯이, 우주선이 기기에서 얻은 자료를 지구로 보낼 수 없다면 무슨 소용이 있겠는가?*

다행히도 선택지가 있다. 제6장에서 레이저 돛 추진을 설명했는데, 여기서 설명한 우주선 추진에 사용되는 위상 배열 레이저 인프라를 목적지에 도달한 후에는 반대로 탐사선과의 통신에 사용할수도 있다. 수많은 개별 레이저를 하나의 위상 레이저 광선으로 결합하여 우주선을 추진하는 데 광학 장치를 사용하는 것이 아니라, 우주선에서 나오는 약할 수밖에 없는** 레이저 광학 신호를 결합해서 읽을 수 있는 신호로 만드는 것이다. 이와 같은 대형 광학 수신기는 NASA 심우주 네트워크에서 행성 간 우주선과의 통신에 사용하는 대구경 전파 수신기와 아주 유사하다. 다시 말하지만, 이 작업을 수행하는 것은 단순히 규모의 문제다. 기본적인 물리학은 훌륭하지만, 물리학에서 말하는 대로 하드웨어를 만들어 내는 방법을 아직 모를 뿐이다.

수학자이자 물리학자인 클라우디오 마코네 박사는 성간 거리에

---

* 일부에서는 범종설(panspermia)이라는 개념으로, 통신을 하지 않는 편도 여행이 실현 가능한 선택지가 될 수 있다고 주장하기도 한다. 범종설은 자연 혹은 인간이 만든 물체에 의해 우주를 가로질러 생명체가 전달되었거나 전달될 수 있다는 개념이다. 예를 들어 화성에서 온 운석이 지구에 떨어지거나 그 반대의 경우가 있을 수 있다. 어쩌면 우리는 다른 항성계로 무인 우주선을 보내 그곳의 행성에 지구의 생명체를 심도록 할 수도 있다. 그 우주선은 지구로 돌아올 필요가 없을 것이다.

** 신호는 수 광년을 건너야 하고 그 과정에서 역제곱 손실이 발생한다.

서 저전력, 고대역폭 통신을 제공하는 독창적인 방법을 고안해 냈는데, 이것을 은하계 인터넷이라고 부른다.[2] 제2장에서 태양 중력 렌즈 성간 선행 임무에 대해 설명했는데, 태양에서 550AU 이상 떨어진 곳에 망원경을 설치하면 태양에 의해 구부러진 시공간 때문에 생긴 빛의 초점을 이용해 먼 외계행성의 사진을 얻을 수 있다는 것이었다. 빛과 전파는 파장과 주파수가 다르지만 모두 전자기파이므로 둘 다 구부러진 시공간의 영향을 받으며, 둘 다 약한 신호(행성에서 반사된 빛인 광학 신호, 또는 다른 항성계에서 우리 우주선이 보내는 전파)가 집중되어 더 쉽게 수집할 수 있는 깊은 우주의 영역이 있어야 한다. 따라서 태양의 전파 주파수 중력렌즈 초점에 적당한 크기의 무선 안테나와 수신기를 배치하고 목표 별의 비슷한 초점에 성간 우주선을 배치하면 **현재 사용 가능한 통신 기술을 이용해** 서로 대화할 수 있다. 일단 잠시 멈추어 보자. 영리한 임무 설계를 통해 우주선을 다른 별에 보내서 사진과 동영상을 촬영하고, 과학 자료를 수집하고, 수집한 자료를 우주선에 저장한 다음, 별의 중력 초점 지역까지 이동해 간단한 전파 송신기를 켜고 자료를 지구로 전송하는 일이 가능해야 한다. 이 시스템은 앞서 설명한 고출력, 초대형 구경口徑 시스템을 개발하지 않고도 신호를 증폭하여, 태양의 중력 초점에 있는 수신국이 자료를 수신한 다음 지구로 다시 중계할 수 있도록 구부러진 시공간을 활용할 수 있다.

오늘날 지구상에서 내비게이션은 사용자에게는 터무니없이 쉬워졌지만 서비스 제공 업체에게는 그렇지 않다. 당신이 다른 도시나 시골 산꼭대기에 있는 집으로 가고 싶다면 스마트폰을 꺼내 주소를 입력한 후 가장 좋아하는 원격 비서가 불러주는 일련의 단계별 안내를 따르면 될 정도로 간단하다. 사용자가 쉽게 이용할 수 있도록 하려면 전 세계를 가로지르는 물리적 기지국 네트워크와 지구 궤도를 도는 위성의 정확한 시간 자료를 얻어야 한다.[3] 예상할 수 있겠지만 우주 공간에서 내비게이션을 사용하는 것은 훨씬 더 어렵다.

지금의 우주선에는 태양 센서와 같은 내비게이션 하드웨어가 탑재되어 있다. 이름에서 알 수 있듯이 태양을 기준으로 우주선의 방향을 알려주는 것이다. 별은 멀리 떨어져 있고 하늘에서 별의 상대적 위치는 지상이나 지상 근처에서 볼 때와 크게 다르지 않기 때문에, 우주선이 올바른 방향을 가리키고 비행하는지 아는 데 사용할 수 있다. 이 일을 하는 기기를 별 추적기라고 한다. 2개의 별은 모두 고유한 각도 간격을 가지며, 똑같은 간격을 가진 별 쌍은 없다. 별 추적기는 우주선이 별을 보고 인식할 수 있는 쌍을 찾아서 그에 따라 방향을 잡을 수 있게 해준다. 이것으로 우주선이 어디에 있는지 알 수 있는 것은 아니지만, 우주선의 방향을 아는 것은 위치를 파악하는 데 필수적인 단계다. 당신이 별자리에 익숙하다면, 달이나 화성에 있어도 별자리는 지구에서 보는 것과 거의 똑같이 보일 것이다. 떠돌아다니는 행성들은 하늘에서 다른 위치에 있겠지만, 별보다 훨씬 가깝기 때문에 겉보기 위치 변화가 즉시 눈에 띌 것이다. 다른 지점에서 별의 겉보기 위치가 바뀌는 것은 사람의 눈으로는 식별할 수 없지만, 우리의 카메라는 각 위치에서 일부 별이 보이는 각도가 달라지는 것을 알아차릴 수 있을 정도로 민감하다. 태양 센서와 별 추적기는 우주선이 태양을 기준으로 상대적으로 어디에 있는지, 방향은 올바른지 알 수 있게 해준다. 예를 들어, 위쪽이어야 하는 위치가 정말로 위에 있는지, 우주선 오른쪽에 있어야 할 별이 실제로 왼쪽이 아니라 오른쪽에 있는지 같은 것이다. 이모든 것이 훌륭하고 좋지만, 과연 우주선은 자신이 **어디**에 있는지 어떻게 알 수 있을까?

전파는 빛의 속도로 이동한다. 신호가 송출되는 시점과 수신되는 시점 사이의 시간을 측정하면 신호의 출처까지의 거리를 정확하게 계산할 수 있다. 멀리 떨어져 있는 2개 이상의 지구 지상국을 이용하면 한 지상국에서 수신하는 전파 신호와 다른 지상국에서 수신하는 전파 신호의 도착 시간이 달라지는 것이 측정 가능할 정도다. 이 차이를 움직임에 의해 달라지는 주파수, 그러니까 도플러 이동과 함께 사용하면 신호가 이동한 거리가 약간 더 길거나 짧은지 측정할 수 있고, 삼각법을 적용하면 우주선의 위치를 정확히 파악할 수 있다. 이는 GPS가 없던 시절에 측량사들이 사용했던 방법 중 하나와 유사하다. 공학자들은 비행 전과 비행 중에 우주선의 궤적을 결정하고, 행성과 위성의 위치를 기준으로 비행경로의 지도를 그려서 중력이 비행경로에 미치는 영향을 파악한 다음, 신호가 우주선에 도달하는 데 걸리는 시간과 그 반대로 가는 시간을 규칙적으로 측정하여 우주선이 예정된 위치에 있는지 확인하고 궤적이 정확하지 않은 경우 궤적을 수정한다. 이것은 화성에 착륙하는 로버를 보내거나, 왜소행성 명왕성에 가까이 접근하거나, 최대 한계로는 보이저 우주선의 위치를 파악할 수 있을 정도로 충분히 잘 작동한다. 이 방법은 대형 통신 안테나를 사용할 수 있는 태양계에서 항해하는 데는 무척 유용하지만, 성간 우주선이 지구에서 수조 킬로미터 떨어진 깊은 우주에서 자율적으로 경로를 유지하려고 할 때는 그다지 도움이 되지 않는다.

지구가 태양 주위를 공전하는 것처럼 은하의 모든 별들도 은하 중심을 공전한다는 사실을 기억하라. 우리의 기기가 충분히 민감하고 우주선이 지구에서 관측한 별의 상세한 목록과 상대 속도를 알고 있다면, 우주선에서 관측된 별의 위치와 지구에서 별이 어떻게 보이는지를 비교하여 대략적인 위치를 파악할 수 있을 것이다.

그리고 펄서가 있다. 먼 곳에서 폭발한 별이 남긴, 빠르게 회전하는 초고밀도의 잔해다. 은하계에 알려진 각 펄서는 고유한 엑스선 방출 패턴을 가지고 있고, 일부는 수천 분의 1초마다 엑스선을 폭발적으로 방출하여 고유한 지문을 만든다. 하늘에서 이러한 알려진 펄서의 위치를 찾은 다음 별 추적기에서 입수한 자료와 지구에서 오는 전파 신호(가능한 곳까지)를 결합하면 우주선이 펄서와 지구의 관계를 이용해 위치를 쉽게 파악할 수 있다. 미래의 용감한 탐험가들은 펄서에서 방출되는 치명적인 방사선 근처를 비행하지 않겠지만, 우주비행사 유리 가가린이 지적했듯이 자연은 우주를 가로질러 새로운 집을 향해 여행하는 동안 방사선 노출을 포함해 상상할 수 있는 온갖 방법으로 탐험가들을 죽이려고 할 것이다.

뱀파이어가 아닌 이상, 특히 구름 한 점 없이 화창한 봄이나 가을날 밖에 나가는 것을 좋아하지 않는 사람이 있을까? 하지만 이 상황을 너무 즐기고 적절한 옷을 입지 않거나 자외선 차단제를 바르지 않으면 고통스러운 일광화상으로 그 대가를 치를 수 있다. 이는 태양의 자외선에 너무 많이 노출되면 생기는 부작용으로, 방사선 노출의 한 형태다. 우주선도 우주 공간에서 심각한, 때로는 임무를 끝내버릴 방사선을 만날 수 있다. 방사선에는 다양한 형태가 있으며, 그것이 우주선에 악영향을 미치는 방법도 다양하다.

일광화상을 일으키는 태양 자외선은 인간이 만든 수많은 물질을 분해시킨다. 플라스틱, 실리콘, 나일론과 같이 일상생활에서 흔히 볼 수 있는 긴 사슬을 가진 (큰) 분자인 폴리머에 자외선이 미치는 영향은 매우 심각하다. 자외선은 폴리머를 부서지고 깨지기 쉽게 만든다.

태양풍을 타고 태양에서 흘러나오는 고에너지 양성자, 전자, 알파입자(제1장 참조)는 특히 치명적이며 전자 기기에 미치는 영향이 매우 크다. 들어오는 입자 방사선은 우주선의 원자와 충돌해 더 적은 에너지를 가진 새로운 입자를 생성하여 일련의 2차 입자 방사선을 만들어 낸다. 그런 다음 이러한 새로운 입자 각각은 통과하는 물질과 상호작용하여 더 낮은 에너지의 새로운 입자를 만든다. 결국 각 연속적인 상호작용의 산물이 에너지가 적어지고 흡수될 가능성이 높아지면서 연쇄작용이 중지된다. 이러한 흡수가 바로 전자 기기와 우주선에 손상을 입히는 원인이 되는 것이다. 흡수된 에너지 일부는 열을 발생시키며, 이를 관리하지 않으면 강도나 전도도와 같은 재료 특성에 변화를 일으킬 수 있다.

일부 입자는 상호작용하는 물질을 이온화하여 양이온이나 음이온을 축적함으로써 민감한 전자 기기에 방전과 손상을 일으킬 수 있다(결국 전자 기기는 모두 하전입자를 이동시키는 것이다). 이를 **이온화** 손상이라고 하며, 공학자들은 고장 전까지 누적된 총 이온화 양의 관점에서 기기가 얼마나 잘 작동할 수 있는지로 전자제품의 수명을 본다. 들어오는 입자의 에너지가 충분히 높으면 2차 입자 연쇄 작용의 일부가 될 수 있는 양성자, 전자, 자유 중성자가 전자장치로 들어가 결함을 만들고 재료의 특성을 변경시킬 수 있다. 이 과정을 변위 손상이라고 한다. 이는 시간이 지남에 따라 누적되는 또 다른 형태의 손상이다.

일시적인 손상도 문제가 될 수 있다. 반도체 물질을 통과하는 하전입자 하나에 의해 발생하는 단일 이벤트 손상을 생각해 보자. 디지털 자료는 이진 자료인 0과 1로 구성되며, 전자 메모리나 신호에 하나의 전하 단위가 있느냐 없느냐로 부호화되는 경우가 많다. 자료 문자열 또는 컴퓨터 명령은 대략 다음과 같이 전하로 부호화된 일련의 정보이다. ++─-+─++─. 단일 이벤트 손상에서는 하전입자가 이 일련의 전하를 가진 물질과 상호작용하여 +를 ─로(혹은 그 반대로) 바꿔 자료나 명령의 의미를 변경시킬 가능성이 있다. 큰 영향을 미치지 않는 몇 가지 일시적인 이벤트로부터 전자장치를 보호할 수 있는 경감 기술이 있긴 하지만, 이것은 대부분 확률 게임이다. 주사위를 충분히 굴리면(이 경우는 물질과 상호작용하는 양성자가 충분히 많으면) 경감시키는 방식을 넘어서는 나쁜 결과가 나타나 고장이 발생한다. 태양계를 탐사하는 우주선에서는 자료 오류, 우주선 리셋, 전면적인 임무 실패 등의 사례가 많이 발생한 바 있다.

태양풍에서 발생하는 것과 같은 투과성 방사선으로부터 재료와 전자 제품을 보호하는 가장 좋은 방법은 불활성 물질을 방패로 사용하는 것이다.그림 7.1. 방사선 발생원과 보호할 물질 사이에 충분한 질량을 배치하면 들어오는 입자가 손상을 일으키기 전에 멈추도록 해서 무해하게 만들 수 있다. 안타깝게도 이것은 추진 문제를 더 어렵게 만든다. 우주선을 보호하는 질량이 많을수록 가속해야 하는 질량도 많아지기 때문이다(로켓 방정식을 잊지 말라!).

또 다른 선택지가 있는데, 충분한 전력을 사용할 수 있는 경우 이용 가능한 것이다. 바로 자기 차폐. 추진 섹션(제6장)에서 설명한 자기 돛과 밀접한 관련이 있는 자기 차폐는 하전입자(전자, 양성자, 이온화된 칼슘 이온 등)가 자기장을 통과할 때 이동 방향과 입자

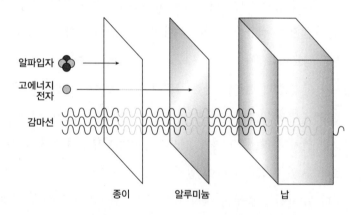

그림 7.1. 우주선(cosmic rays)으로부터 차폐하기. 방사선을 차단하려면 일반적으로 질량이 필요하다. 필요한 질량의 양은 차단할 방사선의 유형과 에너지에 따라 다르다. 가장 간단하게 차단할 수 있는 것은 크고 상대적으로 무거운 알파입자(헬륨 원자)로, 종이 몇 장으로 막을 수 있다. 다음은 베타 입자(전자)로, 얇은 알루미늄 판으로도 효율적으로 차단할 수 있다. 감마선은 실제로는 에너지가 매우 높은 빛의 광자에 불과하지만 무척 강하기 때문에 아주 무거운 납 블록이 필요할 수 있다. 노핏 아미르의 〈감마선으로부터의 보호〉에서 발췌.

가 상호작용하는 자기장에 수직인 힘을 받는다는 사실을 이용한다. 충분히 강력한 자기장은 들어오는 우주선cosmic rays이 우주선ship에 부딪혀 손상을 입히지 않도록 방향을 바꿀 수 있다는 말이다. 이를 실제로 확인하려면 지구의 자기장을 생각해 보면 된다. 지구 자기장은 북극에서 남극까지 뻗어있으며, 지구 전체를 보호막으로 덮어 태양풍의 대부분을 지표면으로부터 우회시키거나 가둬서 우리가 방사선에 노출되지 않도록 해준다. 태양풍 이온이 자기장과 상호작용하면 일부는 단순히 반사되어 버리고, 일부는 자기장의 가장 바깥쪽으로 감겨서 지구 뒤로 뻗어나갔다가 결국에는 풀려나 태양 바깥쪽으로 계속 이동하고, 일부는 자기장에 갇혀 지구의 극 사이를 왔다 갔다 하면서 극 근처의 하층 대기로 들어가 그곳의 공기 분자를 이온화하여 화려한 오로라를 만들어 낸다. 안타깝게도 지구의 강한 자기장도 우리를 보호해 줄 수 없는 우주 입자 방사선의 종류가 있다. 은하 우주선GCR이다.

은하 우주선은 우주를 관통하는 에너지가 매우 높은 원자로, 은하계의 다른 곳에서 별이 폭발할 때 만들어질 가능성이 가장 높다. 주로 수소와 헬륨 원자로 구성된 태양 방사선과 달리 은하 우주선은 주기율표 대부분의 원소로 구성될 수 있으며, 빛의 속도에 가까운 매우 빠른 속도로 움직이기 때문에 무게에 신경 써야 하는 우주선에 상상 가능한 그 어떤 차폐막과도 상호작용하고 그것들을 관통할 수 있다. 상대적으로 더 높은 질량을 가진 은하 우주선은 차폐막을 통과할 때 양성자나 알파입자보다 훨씬 큰 피해를 입힐 수 있다. 나중에 설명하겠지만 특히 우주선에 사람이 타고 있다면 장기적으로 걱정해야 할 부분이다.

무엇보다도 우주선이 광속의 10% 속도로 이동하다가 상대적으로 느리게 움직이는 수소, 헬륨 또는 기타 원소의 원자를 만나면, 빠르게 움직이는 우주선과 느리게 움직이는 입자 사이의 상대 속도는 여전히 광속의 10%이므로 수소 원자가 마치 우주선에 대해 광속의 10% 속도로 이동하는 것처럼 행동함으로써 앞에 나열한 피해를 입히는 또 다른 고에너지 입자가 될 수 있다. 이로 인해 처리해야 할 총 방사선 문제가 추가된다.

마지막으로, 기계가 작동하기 가장 열악한 환경에서 수백 년 동안 계속 작동하는 기계를 건설해야 하는 문제가 있다. 모든 기계의 장기적인 작동의 핵심은 부품의 고유한 신뢰성과 중복성에 있다. 부품과 시스템은 신뢰성 있게 설계되고 제조될 수 있지만, 사람의 개입 없이 100년 이상 지속적으로 작동하는 기계의 예는 찾아보기 힘들다. 가능은 하지만 비용이 많이 들 가능성이 높다. 그 어떤 시스템도 완벽하거나 고장이 나지 않도록 만들 수 없으므로, 중요한 우주선 시스템은 중복성을 갖추어야 한다. 실제로는 시스템이나 구성 요소의 복사본 2개를 날려 보내 기본 시스템 또는 구성 요소에 장애가 발생할 경우 다른 것이 작동할 수 있도록 준비하거나, 완전히 다른 구성 요소나 시스템이 장애가 발생한 다른 시스템의 역할을 대신할 수 있도록 하는 것을 의미한다. 물론 중복성을 갖추면 무게가 증가하여 추진 문제가 악화될 수 있다.

중복성이 항상 2개의 복사본을 날려 보내는 것을 의미하지는 않지만, 그런 경우가 많다. 예를 들어 보이저 1호와 2호는 각각 독립적으로 임무를 수행할 수 있는 동일한 우주선이었다. 둘 중 하나가 실패하더라도 대부분의 과학 자료는 다른 우주선이 보내주었을 것이다. 각 우주선의 복사본을 2개씩 만드는 것은 곧 비용이 많이 드는 일이 될 수 있다. 시스템 중복성이란 여러 개의 독립적인 경로를 사용해 작업을 수행할 수 있는 시스템이라고 생각하는 게 좋다. 시스템이나 구성 요소의 중복성은 동일하거나 유사할 수 있고, 기본 시스템에 장애가 발생할 경우 자동으로 작동될 수 있으며, 치명적인 사고가 생겨도 부품 하나만 손상되고 다른 부품은 손상되지 않도록 우주선의 다른 부분에 배치할 수 있다. 우주선 설계자는 여유가 있으면, 특히 유인 우주선의 경우에는 임무 성공 가능성을 높이기 위해 우주선에 중복성을 적용시키려고 한다. 연구에 따르면 이러한 중복성이 거의 모든 비행에서 승무원을 구하거나 임무를 연장한 것으로 나타났다.[4] 아폴로 13호를 생각해 보라. 치명적인 사고 이후 달에서 귀환하는 비행 중 일부 기간 동안 승무원들이 사용 가능한 여분의 달 모듈이 없었다면 승무원들은 높은 확률로 사망했을 것이다.

건포도와 대형 자동차 사이의 어떤 질량을 가진 비교적 작은 로봇 우주선을 다른 별에 보내는 것도 큰 도전이지만, 정착민으로 가득 찬 30,000,000kg에서 100,000,000kg의 우주선(추진 시스템이나 연료는 제외하고)을 보내는 것은 또 다른 수준의 도전이다. 불가능하다는 건 아니지만(자연은 가능하다고 단언한다) 실현하는 것이 훨씬 더 어려울 것이다.

먼저, 흔히 세계 우주선이라고 불리는 유인 우주선이 어떤 모습일지에 대한 논의가 있다. 여러 심포지엄을 후원하고 동료 심사를 거친 저널의 여러 호를 이 주제에 할애한 영국 행성 간 학회British Interplanetary Society보다 성간 세계 우주선의 가능한 설계에 대해 더 많이 고민한 조직은 전 세계에 없다. 최근 이 학회에서 출판된 논문에서 안드레아스 하인과 그의 공동 저자는 사용 가능한 추진 시스템의 성능에 따라 세계 우주선의 크기를 설명하는 유용한 분류법을 확립했다.[5] 여기서는 이 분류법을 약간 수정하여 사용하겠다. 첫 번째 범주의 우주선은 스프린터sprinter라고 불리며 1,000명 이하의 승무원을 태울 수 있다. 그 이유는 분명하다. 한 우주선이 성간 공간을 빛의 속도의 10%(0.1c) 이상으로 매우 빠르게 이동할 수 있다면 다른 우주선도 곧 뒤따를 것이라 충분히 가정할 수 있고, 한 우주선이 외계 정착지를 세우는 데 필요한 모든 것을 가져가야 하는 부담, 특히 유전적 다양성을 유지하기 위해 탑승해야 하는 사람의 수를 고려하지 않아도 될 것이다. 승무원의 수가 적을수록 여행하는 동안 생존에 필요한 질량이 줄어들고, 우주선 설계 수명 요건이 덜 엄격해지며, 중복성이 줄어들기 때문에 (무엇보다) 추진력 문제도 훨씬 쉬워진다.

다음 범주의 우주선은 1,000명에서 100,000명 사이의 인원을 태우고 0.1c보다 느리게 이동하는 우주선으로 '식민지 우주선'이라고 한다. 제국주의와 식민주의 아래 모든 사람이 고통받았던 세계 여러 지역에서는 상당히 부정적인 의미를 지닌, 약간 반갑지 않은 용어다. 그래서 나는 이런 종류의 우주선을 '정착 우주선'이라고 부르고, 정착민들이 향하고 있는 세계는 사람이 살지 않는 곳이라고 가정한다. 정착 우주선은 훨씬 더 크고, 목적지에 도착하는 데 시간이 오래 걸리며, (보급품, 예비품 등) 훨씬 더 많은 질량을 운반해야 한다. 그리고 목적지에 도착하는 데 사람의 일생보다 더 오랜 시간이 걸릴 가능성이 높으므로 승무원들이 생활하는 사회, 정치, 경제 시스템에 대한 세심한 고려가 있어야 한다.

마지막으로, 대규모 인구(10만 명 이상)를 태우고 별들 사이의 허공을 가로지르는 데 수 세기 또는 수천 년이 걸리는 진정한 '세계 우주선'이 있다. 이러한 거대 우주선은 스프린터와 정착 우주선의 훨씬 더 큰 버전과 비슷할 수도 있고 행성의 위성이나 행성 자체와 더 비슷할 수 있다. 세계 우주선이라고 불리는 데는 이유가 있다. 이 우주선은 세계 전체의 기능을 하고, 어떤 종류의 우주선과도 닮을 필요가 없다.

이 책은 세계 우주선을 선택하는 일이 아니라 성간 여행에 관한 책이므로, 한 가지 주된 이유 때문에 정착 우주선에 초점을 맞추어 논의할 것이다. 바로 추진력 문제다. 물리학적으로 알려진 바에 따르면 상당한 크기의 우주선이 0.1c 이상의 속도로 여행할 수 있는 선택지는 많지 않다. 태양계 규모의 우주선을 계획하고 만들려는 노력은 솔직히 SF처럼 보이기 때문에 중간 범주인 정착 우주선이 가장 합리적이고 가능한 것으로 보인다.

유인 우주선을 제작하는 데 필요한 기술적 과제에는 로봇 우주선에 필요한 모든 기술(규모만 훨씬 더 클 뿐)과 함께, 연약하고 까다로운 인간이 생존하고 건강을 유지하는 데 필요한 온갖 기술이 포함된다.

로봇 성간 탐사에 사용 가능한 추진 시스템이 모두 이 정도 규모의 우주선에 적합할 정도로 커질 수 있는 것은 아니다. 첫 번째 정착 우주선에게 태양열, 레이저, 마이크로파 돛은 좋은 선택지가 아니다. 첫째, 광자 압력은 작아서 이것을 사용해 30,000,000kg의 우주선을 가속하려면 상상할 수 없을 정도로 많은 0이 뒤따르는 전력이 필요하다. 물론, 미래의 공학자들은 달 지름 크기에 단일 원자층 두께의 돛을 만들고 태양복사 에너지의 상당 부분을 활용해 레이저나 마이크로파 광선으로 가속할 수 있을지도 모른다. 물리학적으로 절대 불가능하지는 않다. 광선 에너지는 로봇 탐사에는 유망하지만, 이 범주의 우주선으로는 '현실성 테스트'를 통과하지 못한다.

효율적인 동력 시스템을 탑재하고 있다면 광자 가속이 선택지가 될 수 있다. 물론 각 광자가 단순히 방출되는 경우는 반사될 때의 추진력의 절반에 불과하기 때문에 광선 에너지 추진보다 더 나쁜 문제가 있지만, 전체 광선기beamer와 반사기reflector 문제는 사라진다. 광자 추진기와 이를 구동하는 동력 시스템은 우주선에 탑재될 것이다.

핵융합 추진은 가까운 별에 대해 이러한 종류의 임무를 수행할 수 있는 에너지밀도와 규모를 크게 만들 가능성을 갖추고 있다. 이는 단순히 원자로 크기와 사용 가능한 추진제의 문제일 뿐이다. 버사드 램제트가 효율적으로 작동하도록 만든다면 추진제 질량 문제는 개선될 수 있다. 우주선이 별 사이를 통과하는 과정에서 따로 떨어져 있는 수소 원자를 포집해 우주선에 탑재된 연료 공급을 보충할 수 있기 때문이다.

가까운 별까지 비교적 빠르게 여행하려면 반복적인 핵 추진이 매우 합리적이다. 우주선이 이미 수백 번의 핵폭발을 견뎌내고 추진할 수 있을 만큼 크고 거대하다고 한다면, 30,000,000kg의 우주선이 0.03c의 속도로 알파 센타우리까지 간다고 상상하는 건 큰 비약이 아니다. 오리온 추진 시스템이 (적어도 이론적으로는) 바로 이러한 유형의 추진으로 가속한다. 더 멀리 떨어진 별로 여행할 때 대략적인 상한 속도인 0.03c는 여행 시간이 길어지기 때문에 문제가 된다.

반물질 추진은 효율성 및 반응을 시작하는 데 필요한 질량의 절반이 보편적으로 사용할 수 있는 정상 물질이라는 점에서 규모를 크게 할 가능성이 가장 높을 수 있다. 반물질을 만들고 저장하는 문제는 본질적으로 로봇 우주선의 경우와 다르지 않고, 단지 규모의 문제일 뿐이다. 전 세계 반물질 생산량을 그램에도 한참 미치지 못하는 수준에서 톤 단위로 늘릴 수 있는 아이디어가 있으면 알려주길 바란다!

좋은 소식은, 비슷한 기간 동안 더 큰 우주선에 동력을 공급하는 것도 대부분 규모의 문제라는 것이다. 핵분열과 핵융합 모두 본질적으로 규모를 키울 수 있기 때문에 동일한 기본 설계를 더 크게 해서 오래 사용할 수 있으며, 사용 가능한 핵연료가 충분하다면 장기간 안전하게 작동하도록 설계 가능하다. 우주선을 고속으로 추진하기 위해 에너지밀도를 확보하는 것과 기가와트의 전력을 지속적으로 생산할 수 있는 것은 완전히 다른 문제이며, 후자가 전자보다 훨씬 쉽다. 두 가지 모두 고려되어야 한다.

유인 우주선은 무인 우주선에 비해 우주선과 지구 사이의 통신이 더 까다롭다. 우주선에 탑승한 사람들은 여행 중에도 지구에 있는 사랑하는 사람들이나 친구들과 연락을 유지하고 싶어 할 것이므로 수천 명이 사용 가능한 높은 대역폭의 통신을 자주 사용할 수 있어야 한다. 이렇게 하려면 탑재된 전력 요구량과 사용되는 안테나 지름의 크기가 증가한다. 하지만 로봇 탐사선에 성간 통신을 제공할 때 필요로 하는 것 이상의 획기적인 발견을 요구해서는 안 된다.

유인 우주선의 경우 내비게이션을 위한 요구 사항에는 큰 차이가 없다. 로봇과 승무원이 탑승하는 경우의 유일한 차이는 후자의 경우 정밀한 내비게이션에 생명이 달려있다는 것뿐이다.

장기간 방사선의 영향으로부터 인간의 생명을 보호하는 것은 큰 과제가 될 것이다. 물리학에서 이러한 보호구를 제공하는 마법의 총알은 없으며, 적어도 지금까지는 질량이 최선의 접근 방식인 것 같다. 앞서 설명한 것처럼 지구만큼 강한 자기장도 은하계 우주선 cosmic rays을 막을 수는 없지만, 질량이 충분하면 가능하다. 질량 제약이 많은 로봇 탐사선에는 적합하지 않을지 모르지만, 사람을 태운 우주선은 이미 거대할 것이므로 더 쌓아서 추가하는 게 뭐 어떻겠는가?

그렇다. 어떤 원자는 다른 원자보다 더 나은 차폐 기능을 제공하며 수소가 그중 최고지만, 그 차이는 미미할 뿐 대단하지 않다. 수소: 추진 시스템이 연료로 사용할 수 있고, 탑재된 핵융합 동력 시스템이 작동하는 데 필요하며, 산소와 결합하면 물이 되는, 인간이 생존하는 데 필요한 것과 동일한 수소다. 여기서 자연은 우리에게 여유를 주었을지도 모른다. 수소를 가득 채운 우주선은 여행하는 동안 동일한 수소를 다양한 용도로 사용할 수 있을 것이다. 우주선을 둘러싸고 있는 커다란 물탱크는 방사능으로부터 우주선을 보호하고, 도중에 물을 뽑아서 승무원이 마시고 먹고 요리하는 데 사용한 다음, 현재 국제우주정거장에서와 같은 방법으로 승무원이 (날숨을 통해) 생성하는 습기와 폐기물을 모아 물로 재활용할 수 있다. 똑같은 물에 전류를 흘려보내면 전기분해라는 과정을 통해 구성 원소인 수소와 산소로 바꿀 수 있다. 산소는 승무원에게 필요한 공기 중 산소를 보충하는 데 사용할 수 있고, 수소는 경우에 따라 동력 또는 추진 시스템으로 전달할 수 있다. 차폐를 제공하려면 얼마나 많은 물이 필요할까? 아주 많아야 한다. 승무원을 보호하기 위해 전체 거주 질량의 90%까지가 차폐에 사용돼야 할 수도 있다.

인간은 평균적으로 **1분에** 약 8리터의 공기를 흡입한다.[6] 여기에 살아 숨 쉬는 수천 명의 정착민을 곱하면 그 수는 엄청나게 커진다. 다음은 물이다. 미국인은 하루에 평균 1,100리터의 물을 사용하고,[7] 유럽인은 평균 140리터,[8] 국제우주정거장에 탑승한 우주 비행사는 평균 11리터의 물을 사용한다.[9] 다시 한번 승무원과 승객에게 필요한 물의 양을 계산해 보시기 바란다. 이 필요량을 어떻게 충족할 수 있을까?

놀랍게도 이 분야는 우리의 우주 기술이 뛰어난 분야 중 하나다. 국제우주정거장은 공기 중 수분의 거의 100%와 소변의 85%를 재활용하는 환경 제어 및 생명 유지 시스템ECLSS을 사용해 전체 물 회수 효율이 약 93%에 이른다. 다른 기술 분야에서 개선이 필요한 부분을 고려할 때, 현재 93% 수준은 상당히 좋은 결과다. 공기 재활용은 아직 갈 길이 멀다. 국제우주정거장은 소비된 산소를 재사용하는 효율이 50% 미만이다.

바로 여기 지구와 우주에서 수십억 명의 인구를 먹여 살리고자 지상에서 농업 효율성을 개선하기 위해 많은 노력을 기울여 왔다. 도전 과제는 남아있지만 우주에서의 식물 성장에 근본적인 문제는 없는 것으로 보이며, 지구에서와 마찬가지로 할당된 공간에서의 작물 수확량과 가용 자원(공기, 물, 영양분 등)의 사용이 제한 요인일 수는 있다.[10]

SF에 흔히 등장하는 지연된 활동과 냉동 수면에 대한 논의는 제8장 '과학적 추측과 SF'에서 다루도록 하겠다.

사람은 낮은 중력에서 살도록 되어있지 않으며, 그것이 우주 여행자에게 미치는 영향은 잘 알려져 있다. 많은 사람이 무중력 또는 미소중력에 처음 진입하면 어지럼증, 방향감각 상실, 메스꺼움, 구토를 경험한다. 인체의 신경 전정 시스템은 시각, 청각 등 다른 감각과 결합하여 균형을 유지하고, '위'와 '아래'를 구분하며, 이동 속도를 측정하고, 줄타기, 발레, 아이스스케이팅과 같이 이 모든 시스템을 완벽하게 통합해야만 뛰어난 기량을 발휘할 수 있는 스포츠 활동에서 경쟁하도록 해준다. 전정 시스템은 이 시스템의 핵심적인 부분이며, 우주 공간의 중력 부족은 전정 시스템에 큰 영향을 미친다. 사람의 내이에는 작은 털과 액체가 들어있는 이석 기관이 있다. 몸이 가속하거나 방향을 바꾸면 이 세반고리관과 세반고리관을 둘러싼 체액이 움직여 세반고리관이 감지하는 것에 대한 정보를 뇌에 전달하며, 뇌는 그 움직임을 감지하고 필요에 따라(고개를 앞으로 숙이거나 위치를 바꾸는 등) 이를 보상할 수 있게 한다. 중력은 이석을 안정화시키는 역할을 한다. 진자가 정해진 호 안에서만 움직이는 것처럼 중력은 이석의 방향을 일정하게 유지한다. 우주에서는 중력과 중력에 관련된 관성이 이석을 안정화시키지 못하고, 이석은 몸 전체와 마찬가지로 '떠다니기' 시작하면서 빠르게 상충하는 감각 자료를 뇌로 보내 방향 감각을 잃게 하고 종종 피할 수 없는 메스꺼움을 유발한다. 다행히도 시간이 지나면 대부분의 사람들은 변화된 감각 입력에 적응해 정상적으로 기능할 수 있다. 일부는 완전히 극복하지 못하기도 한다.* 다행히 이러한 효과는 대개 일시적이다.

우주에서는 중력이 체액을 발 쪽으로 끌어당기는 작용을 하지 않고 체액이 몸 전체로 재분배되기 때문에 우주에 도착한 직후 많은 우주비행사의 양 볼이 다람쥐처럼 눈에 띄게 부풀어 오른다. 이는 신체가 체액이 너무 많다고 생각하도록 속이고(왜 가슴 위쪽과 목 주위에 체액이 많을까?), 무엇보다도 소변 배출량을 증가시켜 (추

---

* 우주 커뮤니티에는 출처가 불분명하고 매우 비공식적인 평가 도구인 간 척도(Garn Scale)가 있는데, 이것은 우주비행사가 경험하는 우주병의 정도를 설명하며, 이 수치가 높을수록 우주병에 더 많이 걸렸다는 의미이다. 이 척도는 1985년 미국 상원의원 제이크 간이 우주왕복선에 탑승하던 중 사상 최악의 우주 멀미 증상을 경험한 후에 만들어졌으며, 이후 우주 멀미 증상은 간(Garn)의 몇 분의 일 단위로 측정된다. 간 상원의원은 자신의 업적이 기억되기를 바랐겠지만, 이런 것을 상상하지는 못했을 것이다.

정되는) 과잉 체액을 제거하는 역할을 한다. 이로 인해 일반적으로 약 20%의 혈액량이 손실된다. 동시에 심장은 중력에 대항하여 해야 하는 일이 줄어들고 하체로부터 돌아오는 흐름도 많지 않다(걸을 때 다리 근육은 다리에서 심장으로 혈액을 다시 밀어주는 데 도움을 준다. 우주에서는 걷지 않으므로 추가적으로 밀어주는 작용이 없다). 이 모든 것을 종합하면 심장 근육이 약화되는 결과를 초래한다. 밀어낼 혈액이 줄어들면 근육의 운동량이 줄어들고 혈압이 떨어진다. 혈액량과 혈압이 낮아지면 중력에 다시 진입할 때 주로 체액과 특히 혈액이 머리에서 먼 하체 쪽으로 쏠리는 경향이 있어 어지럼증과, 최악의 경우 실신을 유발할 수 있다. 지구로 돌아오거나 다른 세계 표면으로 비행할 때 조종사에게 이런 일이 발생하기를 원하지는 **않을** 것이다.

뼈의 강도와 근육량의 손실은 일시적이지 않고 훨씬 더 위협적인 추가되는 문제다. 지구의 중력 없이 지내는 우주비행사는 대체로 매달 약 1%의 뼈 질량을 잃는다. 뼈는 강도를 유지하기 위해 스트레스를 받으며, 이것은 뼈의 질량과 밀접한 상관관계가 있다. 필요한 스트레스는 **지구 중력이 있는 상태에서** 걷고, 뛰고, 일상생활을 하는 것만으로도 쉽게 얻을 수 있다. 한 걸음 내딛을 때마다 몸을 잡아당기는 중력이 뼈를 압박하는 작은 충격으로 느껴지지 않는다면 뼈는 질량과 강도를 잃게 된다. 휴대폰 운동 추적기에 따르면 나는 보통 매일 6,000보에서 11,000보 정도를 걷는다고 한다. 이는 6,000~11,000번의 충격 이벤트 각각이 뼈를 유지하는 데 도움이 된다는 말이다. 우주비행사들은 특별히 고안된 장비를 사용해 세심하게 짜인 운동 루틴을 따르지 않고는 이러한 효과를 얻을 수 없다. 하지만 이것도 필요한 정도를 그대로 흉내 내지는 못한다. 뼈가 약하면 부러지기 쉬운데, 중력 부족이 아니라 노화와 운동과 자극 부족으로 인해 발생하는 골다공증을 앓고 있는 노인에게 물어보면 잘 알 것이다.

우주비행사는 근육량도 감소한다. 우주 공간에서 우주비행사는 여전히 질량은 갖지만 무게는 없다는 점을 고려하면 쉽게 이해할 수 있다. 무게는 중력이 질량에 작용한 결과다. 중력이 없으면 무게도 없다. 다시 한번 일반인의 일상생활을 살펴보면, 우리는 항상 근육을 사용해 무게를 들어 올린다. 아침에 침대에서 나오는 간단한 동작만으로도 다리 근육이 운동된다. 양치질을 할 때도 팔을 사용하고, 앉아있지 않는 한 자세를 유지하기 위해 전정기관에서 자료를 가져와 다리를 사용한다. 그러니까 어떤 물건을 들어 올리든 근육은 스트레스를 받아서 강화되고, 더 큰 질량(지구에서는 더 무거운 것)은 더 큰 스트레스를 준다. 우주에서는 이러한 일상적인 근육 스트레스가 거의 없어 근육이 감소하며, 우주 비행 첫 11일 정도 동안 근육량의 20%까지 손실된다. 다행히 무중력 상태에서의 근육량 유지는 엄격한 운동을 통해 달성할 수 있으며, 국제우주정거장의 우주비행사들은 **매일** 2.5시간씩 운동을 통해 근육량 손실을 완화한다.

근육량 감소와 뼈의 밀도/강도 감소를 완화하지 않고 고려하지 않으면 우주비행사나 우주 정착민이 수십 년 또는 수백 년의 깊은 우주 비행 후 다른 세계에 처음 발을 디딜 때 치명적인 결과를 초래할 수 있다. 근육량 감소와 행성 중력에 대한 신경 전정기관의 적응 문제 때문에 외계 세계의 표면을 처음 걸을 때 어설프게 넘어질 가능성이 높아질 뿐만 아니라, 넘어졌다간 뼈가 부러질 수도 있다. 아얏! 유인 우주선의 설계는 이러한 우주여행의 부작용을 어떻게든 완화해야 한다.

이제는 성간 여행과 관련된 주제로 일반적으로 받아들여지는 '크게 생각하기'를 한다면 해결책이 있다. 중력과 그 영향을 어떻게 느끼는지 생각해 보자. 가장 최근에 자동차의 가속 페달을 밟았을 때, 활주로에서 이륙을 위해 가속하는 항공기를 경험했을 때, 엘리베이터를 탔을 때. 당신이 경험하는 가속도는 중력과 똑같이 느껴진다. 중력은 우리가 가속 효과라고 부르는 것과 같기 때문이다. 지구에서 우리가 느끼는 가속도는 지구의 질량이 우리를 잡아당기기 때문에 발생한다. 다른 예로는 속도의 변화가 있다. 두 효과는 동일하다. 이 사실을 깨닫고 나면, 회전을 통해 중력 가속도를 모방하는 회전하는 거대한 거주지를 상상할 수 있다. 이것은 인체가 뼈의 강도와 질량을 유지하는 데 필요한 뼈를 압박하는 힘과 이제는 무게라고 할 수 있는 질량을 가진 물체를 움직이는 데 필요한 근육의 작용을 경험하도록 해준다.

우주비행사가 우주에 머문 시간의 한계 때문에 아직 밝혀지지 않은 또 다른 장기적인 영향도 있을 것이다. 현재까지 우주에서 438일 이상 체류한 사람은 없으며, 이는 1995~1996년 러시아 우주비행사 발레리 폴랴코가 세운 기록이다.[11]

원자력 업계에서 45년 이상 경력을 쌓은 전직 원자력 엔지니어인 짐 빌은 성간 우주선의 신뢰성을 주제로 '우리 우주선이 고장 났다'라는 제목의 유쾌한 에세이/단편 소설을 썼다.[12] 나는 이후 짐과의 대화에서 원자력발전소와 우주선의 설계 요건(둘 다 매우 오랜 기간 고장 없이 안전하게 작동해야 한다)의 유사성을 고려하여 우주선 건설에 대해서 첫 번째로 제안하는 것이 무엇인지 물었다. 그의 대답은 많은 것을 말해준다. "중복성, 중복성, 중복성." 이것은 확실히 적절한 대답이고 내 얼굴에 미소를 떠오르게 했지만, 본질적으로 질량이 제한되어 있는 우주선에는 도전적인 일이 된다. 전체 크기와 질량은 부차적인 문제인 지구상의 원자력발전소에 백업 시스템을 여러 개 추가하는 것은, 시스템 중복성이 추가될 때마다 가속에 필요한 추진제가 더 많이 추가되는 우주선의 경우와는 상당히 다르다. 중요한 시스템 중복성에 더해 더 나은 방법이 있어야 한다.

적층 제조, 혹은 3D 프린팅을 소개한다. 간단히 말해, 복잡한 하드웨어를 제조하는 전통적인 방식은 보통 모든 부품과 구성 요소를 개별적으로 제작하고, 엄격한 인터페이스 요구 사항에 따라 설계하고 제조하여 조립할 때 모든 것이 맞아 들어가고 작동이 되도록 한다. 자동차, 냉장고, 컴퓨터, 심지어 로켓 엔진도 이러한 전통적인 방식으로 제작된다. 각 구성 요소에는 해당 부품을 제작하기 위해 특별히 설계된 고유한 제조 시설이 있다. (다양한 부품을 만드는 모든 제조 공장을) 총체적으로 고려하면 산업 기반은 엄청나게 거대하다. 인간이 장시간 우주 비행을 할 때 중요한 기계의 예비 부품을 많이 운반해야 하는 것은 불가피한 일로 여겨졌다(과거 시제다). 화성으로 가는 도중에 부품이 고장 나면 부품을 만든 산업 기반에 접근해 교체품을 구할 수 없기 때문이다. 3D 프린터 덕분에 이러한 생각은 이제 바뀌었다.

3D 프린터는 자세한 컴퓨터 모형을 사용해 다양한 원재료를 층층이 쌓아 올려 필요한 부품으로 만들어 낸다. 다른 신기술과 마찬가지로 3D 프린터는 쉽게 구부러지는 플라스틱(다양한 색을 사용할 수 있다!)을 사용하는 단순하고 제한된 형태로 등장했다. 이걸로 공학자가 부품의 형태와 맞춤을 설계하는 데 도움이 되는 흥미로운 물건이나 꼭 작동할 필요는 없는 모형을 만들 수 있었다. 기술이 발전하면서 정교함도 발전했다. 이제 훨씬 더 복잡한 시스템이 적층으로 제작되고 있으며, 일부에서는 '기다리는 동안' 필요한 부품을 처음부터 제작하는 원스톱 적층 제조 현장을 선호하여 여러 대형 하드웨어 소매업체가 사라질 것이라고 예측할 정도로 사용 범위가 확대되고 있다. 성간 여행과 가장 밀접한 관련이 있는 NASA는 국제우주정거장과 미래의 달 및 화성 기지에서 예비 부품의 필요성을 없애기 위해 이 기술을 도입하고 있다. 2014년에 NASA는 최초의 3D 프린터를 국제우주정거장으로 보냈다. 지구 밖에서 처음으로 스스로 유지하는 역사가 기록될 때, 이를 가능하게 한 것으로는 의심할 여지 없이 두 가지 기술이 꼽힐 것이다. 첫 번째는 로켓일 것이다. 두 번째는 적층 제조가 될 것이다. 미래의 우주선에는 틀림없이 현재 3D 프린터의 기술적 후손이 탑재되어, 우주선에 실린 원자재만으로 항해 중에 필요한 대부분의 부품을 제작하거나 교체할 수 있게 될 것이다.

여기까지다.

*

지금까지 다른 별로의 여행에 대한 거의 모든 주요 주제와 기술적 요구 사항에 대해 높은 수준에서 논의해 보았다. 물리학에 대한 현재의 이해와 (미래의) 공학에 대한 인간 정신의 창의성에 의해서만 제한된다는 것이다. 하지만 우주가 어떻게 작동하는지에 대해 우리가 생각하는 것만큼 많이 알지 못한다면 어떨까? 이 경우 '만약'을 고려하기에 SF보다 더 좋은 곳은 없다. SF는 때때로 미래의 현실에 가까이 다가가기도 하고 그렇지 않을 때도 있다. 이제 약간의 상상을 통해 우리의 이론이 어떤 방법으로(혹은 언젠가) 현실이 된다면 무슨 일이 일어날 수 있을지 살펴보자.

제8장

과학적 추측과
SF

인류가 우주로 퍼져나가지 않는 한 앞으로 1,000년 동안
살아남지 못할 것 같습니다. 단 하나의 행성에서는
생명체가 겪을 수 있는 사고가 너무 많으니까요.
하지만 저는 낙관주의자입니다. 우리는 별에 닿을 것입니다.

—스티븐 호킹(《데일리 텔레그래프》와의 인터뷰에서)

우주 시대의 시작을 알린 스푸트니크호 발사 이전부터 SF 작가들은 인간이 어떻게 다른 별을 여행할 수 있을지 추측했고, 최근의 과학적 혁신이나(실제 과학에 기반한 허구) 미래에 어쩌면 실현될 수도 있는 것(허구의 과학)에 느슨하게 근거한 가상의 별 여행을 지어내는 데 주저하지 않았다. 둘 다 우리가 SF로 알고 있는 장르에 스며들어 있으며, 일반 독자는 이 둘을 구분하기 어렵다. 엔터프라이즈 우주선을 타고 반물질 동력으로(가능함) 워프 드라이브를(아마도 불가능할 것) 작동시켜 몇 시간 또는 며칠 만에 수 광년을 가로지르는 것은 그러한 일이 가능하거나 곧 가능할 것이라는 비현실적인 기대감을 불러일으킨다. 기술 개발과 우주 탐사의 속도는 우주비행 반세기 만에 이룬 엄청난 발전과 우주과학 및 탐사의 중요한 성과에도 불구하고 대중의 기대를 충족시키지 못했다. 현실과 공상적 추측을 혼합한 것은 〈스타 트렉〉만이 아니다. 그것은 가장 널리 시청되고 문화적으로 잘 알려진 작품 중 하나일 뿐이다.

물리학자이자 과학사를 공부하는 학생으로서 SF에서 발견되는 사변적인 물리학이나 자연법칙을 우회하는 희망적인 생각이 모두 불가능하거나 비과학적이라고 말하지는 않겠다. 과거에 선의를 가지고 뛰어난 업적을 남긴 많은 과학자들도 비슷한 주장을 했으나 나중에 새로운 이론, 실험 및 관찰 자료에 의해 잘못된 것으로 판명되었다. 더구나 현재 거시적 세계에 대한 표준 모형(일반상대성이론)과 미시적 세계에 대한 표준 모형(양자역학)은 양립할 수 없는 것으로 여겨진다. 이것은 자연 세계에 대한 좀 더 일반화된 이해 방법이 아직 발견되지 않았을 가능성이 높다는 것을 의미한다. 양자역학과 일반상대성이론이 함께 GPS를 제공하여 휴대폰으로 새로운 목적지를 탐색할 수 있게 된 것처럼, 자연에 대한 보다 완전한 이해는 어떤 기술을 제공할 수 있을까? 새로운 아이디어가 나올 여지는 있지만, 반드시 엄밀하고 수학적인 물리학에 기반하여 표현되어야 한다. 현재 자연에 대한 이해를 바탕으로 다양한 SF 요소의 현실성을 사례별로 평가해 보겠다.

빛보다 빠르게 이동하기(시공간 구부리기)

엔터프라이즈 우주선의 워프 드라이브는 아마도 세계에서 가장 잘 알려진 SF 속 우주여행일 것이다. 영웅들은 이것을 사용해 빠르고 쉽게 우주를 가로질러 낯선 새로운 세계를 방문하고 아무도 가지 않은 곳으로 대담하게 이동해… 나머지는 이미 알고 있을 테고, 어떤 시리즈가 최고인지에 대한 논의는 하지 않을 것이다.* 워프 드라이브를 작동하면 우주선은 하이퍼 드라이브(나중에 설명하겠다)에서처럼 우주를 벗어나는 것이 아니라 엄청난 에너지를 사용하여 시공간 모양을 바꿔, 비록 휘어지고 압축되고 팽창된 공간이긴 하지만 보통의 공간을 매우 빠르게 가로지를 수 있다. 얼마나 빨리? 이 질문에 답하기 위해 시리즈 제작자는 〈스타 트렉〉 세계관을 배경으로 하는 에피소드와 책이 일관성을 유지할 수 있도록 시리즈 작가들이 사용할 일련의 가이드북을 발간했다. 그중 한 작가용 가이드에서는 각 워프 계수(1로 시작하는 정수)가 광속을 세제곱한 값이라고 설명한다. 이 정의에 따르면 워프 1($1 \times 1 \times 1 \times$광속)은 광속이고, 워프 2는 광속의 8배($2 \times 2 \times 2 \times$광속), 워프 3은 광속의 27배($3 \times 3 \times 3 \times$광속), 이런 식이 된다. 이해가 되었을 것이다. 오래 걸리지 않고 별과 별 사이를 순식간에 가로지르게 된다. 우리가 살고 있는 우주를 벗어나지 않는다면 새로운 우주를 만들어야 하는 골치 아픈 문제를 피할 수 있긴 하겠지만, 과연 이것이 가능할까? 대답은 "어쩌면"이다. 한 번도 본 적 없고 존재하지 않을 수도 있는 물질 상태의 존재를 가정한다면 말이다. 알큐비에르 워프 드라이브를 소개한다.

물리학자 미구엘 알큐비에르는 아인슈타인의 일반상대성이론을

---

* 나의 의견은 당연히 이야기하겠다. 오리지널 〈스타 트렉〉 시리즈가 확실히 최고이자 가장 영향력 있는 시리즈였다. 항공우주 분야에서 일하는 내 세대의 수많은 동료들은 과학, 공학, 우주 탐험에 대한 관심을 갖게 된 것이 커크 선장, 스팍, 그리고 엔터프라이즈호의 나머지 승무원들 덕분이라고 말한다.

살펴보고, 수학적으로 작동하며 우주선이 실제로는 그렇지 않지만 빛보다 빠르게 이동하는 것처럼 보이게 해주는 방정식의 해를 발견했다. 이 이론적 모형에서 우주선은 우주선 앞의 시공간을 수축시키는 동시에 뒤의 시공간을 팽창시킨다.그림 8.1. 이동해야 하는 거리(우주선 앞의 수축된 시공간)를 줄임으로써 빛보다 느린 우주선은 국부적으로는 빛의 속도를 초과하지 않고도 먼 거리를 쉽게 가로지를 수 있다. 우주선이 수축된 시공간을 통과한 후 시공간은 우주선 뒤에서 다시 정상 크기로 팽창하여 자연은 그대로 아름답게 유지되고 시공간은 방해받지 않으며 우주선은 빛보다 훨씬 빠르게 움직이는 것처럼 보인다.[1] 정말 멋지다. 그렇다면 뭐가 문제일까?

문제는 수학은 물리학이 아니라는 것이다. 그렇다. 수학은 우주가 작동하는 방식을 설명하는 데 훌륭한 역할을 할 수 있다. 그러나 완전히 자기 일관적이고 모든 면에서 논리적으로 정확하긴 해도 우주가 실제로 작동하는 방식과는 전혀 일치하지 않는 수학 공식이 많이 있다. 이론물리학자들은 항상 "만약에?"라는 가정을 하고, 실험이나 관측을 통해 자연이 실제로 어떻게 작동하는지를 예측하는 이론이 입증된 후에야 순수 수학에서 물리학으로 넘어간다. 알큐비에르 워프 드라이브의 경우, 증명되지 않은 창조물은 음의 질량을 가진 '이질적인' 물질이다. 음의 질량이 무엇일까? 이것은 보통 물질과 반대 전하를 갖는 물질인 반물질이 아니다. 반물질은 존재하며, 앞에서 이야기한 바 있다. 음의 질량 물질은 질량의 기본 측정 단위가 -1kg이다. 이것이 실제로 무엇을 의미하는지는 아무도 알지 못하며, 그러한 질량을 발견하거나 만든 사람도 아무

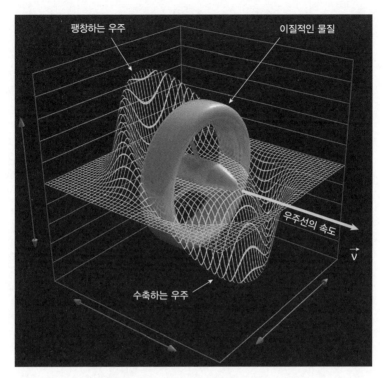

그림 8.1. 알큐비에르 워프 드라이브. 알큐비에르 드라이브 개념에서는 우주선 앞의 시공간은 수축하고 뒤의 시공간은 팽창하여 우주선이 (팽창하는 뒤의 시공간에 의해) 밀리고 (수축하는 앞의 시공간에 의해) 당겨져 국부적인 광속보다 빠르게 이동할 수 있게 한다. 소니 화이트 박사 이미지 제공.

도 없다. 아인슈타인과 물질과 에너지의 관계를 기억한다면, 음의 에너지를 찾아볼 수 있고, 만약 음의 에너지가 발견된다면 이를 유사한 음의 물질로 변환할 수도 있을 것이다. 몇 가지 흥미로운 발견이 있었지만, 음의 에너지 역시 아직 존재가 확인되지 않았다.[2]

워프 드라이브가 어떻게 작동하는지에 대한 수학을 자세히 설명한 알큐비에르의 중요한 논문에서 논의했듯이, 양자역학(기억하는가—미시 영역의 표준 모형이다)은 카시미르 효과^{Casimir effect}를 통해 음의 진공 에너지밀도라고 알려진 것을 표현하는 메커니즘을 제공한다(나중에 더 설명하겠다). 이 음의 진공 에너지밀도는 일반상대성이론(거시 영역의 표준 모형)에서 설명하는 이질적인 물질의 수학적 특성을 모두 가지고 있다. 하지만 공간 워프가 물리적 현실에서 가능한 것으로 간주되기까지 해결해야 할 몇 가지 다른 과제와 장애물이 남아있다.

빛보다 빠르게 이동하기(초공간)

SF에서 엄청나게 유명한 '또 다른' 스타 드라이브는 밀레니엄 팰컨의 초공간 드라이브이다. 다행히 〈스타워즈〉 제작자가 이 하이퍼 드라이브의 작동 원리를 정의해 두었기 때문에 직접 알아낼 필요는 없다. "하이퍼 드라이브를 사용하면 우주선이 빛의 속도보다 빠르게 이동하여 초공간이라는 다른 차원을 통해 우주를 가로지를 수 있다. 일반 공간의 큰 물체는 초공간에 '질량 그림자'를 드리우므로 충돌을 피하려면 초공간 점프를 정밀하게 계산해야 한다."[3]

언젠가 이러한 목적으로 들어갈 수 있는 다른 차원이 존재하게 될까? 과학자들은 '다른' 차원에 대해 잘 알지 못하지만, 실제로는 우리가 살고 있는 표준 3차원(더하기 시간 차원) 이상의 차원이 존재한다는 이론을 세우고 있다. 추가 차원의 존재는 뉴턴 시대부터 물리학자들이 추구해 온 모든 것의 이론의 유력한 후보 중 하나인 끈 이론의 중요한 부분이다. 여러 종류의 끈 이론에서 이러한 가상의 차원은 알려진 가장 기본적인 입자(쿼크, 전자, 중성미자)보다도 작다. 끈 이론은 한 가지가 아니라 비슷한 수학적, 이론적 구조를 사용하는 여러 경쟁 이론이 있으며, 그중 많은 이론이 서로 다른 수의 시공간 차원을 가정하고 있다. M-이론은 11개, 초끈 이론은 10개, 보손 이론은 26개의 차원을 필요로 한다. 이 차원들은 얼마나 작을까? 일부는 '플랑크 길이'라고 불리는 10^{-35}m 정도로 작다. 끈 이론의 작은 차원은 우리가 광활한 항성 간 거리를 가로지르기 위해 접근할 수 있는 후보가 아니다.

끈 이론의 반대편 끝에는 3D+1(3차원의 공간과 1차원의 시간을 더한 차원을 말함—옮긴이) 우주가 에드윈 애벗의 《플랫랜드: 다차원의 로맨스 Flatland: A Romance of Many Dimensions》*에 등장하는 2D 생명체의 비유처럼 더 높은 차원 우주의 하위 차원이라는 믿음이 등장한다. 고차원 우주가 존재한다는 증거, 즉 증명에 대한 요구를 기꺼이 제쳐둔다면, 초공간 여행을 위해 고차원 우주를 상정하는 것은 이상한 일이 아니다. 물론 우주선이 고차원 우주에 들어가고 그곳을 통과하는 메커니즘은 아무도 알지 못하거나 단서조차 없기 때문에 설명되지 않는다.

〈스타워즈〉를 만들어 낸 창의적인 에너지는 성간 여행의 또 다른 기술적 난제를 해결하기 위해 초공간을 활용한다. 통신 말이다.

---

* 1884년에 출간된 이 책은 기하학적 인물들로 가득한 2D 세계를 묘사한 유쾌한 책이다. 남자는 다양한 종류의 다각형이고 여자는 선분이다. 단순하고 쉽게 이해할 수 있는 그들의 세계가 3D 구의 등장(통과)으로 인해 갑자기 흔들리고, 2D만 인식하는 능력에 기반하여 그것을 이해하려는 그들의 시도는 유머러스하고 사고를 자극한다. 이 책을 강력히 추천한다.

실제 우주에서 100광년 떨어진 곳에서 지구로 전파 신호를 보내려면, 전파나 레이저 신호가 빛의 속도로 움직이도록 제한되어 있기 때문에 100년이 걸린다. 황제가 수백 광년 떨어진 곳에 있는 부하들과 실시간으로 대화를 주고받을 수 있도록 하이퍼트랜시버(〈스타 트렉〉 세계관의 비슷한 이름의 무전기와 혼동하지 않도록 서브스페이스 무전기라고도 한다)가 사용된다. 무전기에서 나오는 신호는 우리가 살고 있는 우주에서 고차원 우주를 거쳐 목적지까지 이동한 다음 우리가 알고 사랑하는 우주로 다시 돌아왔을 때 들을 수 있다.

또 다른 베스트셀러 SF 시리즈에서는 변형된 다른 차원 여행을 통해 이야기를 전개하기도 한다. 작가 래리 니븐의 소설 《링월드Ring World》가 포함된 '알려진 우주Known Space' 시리즈에서는 우주선이 3일 만에 1광년부터 75초 만에 1광년까지 모든 물체가 빛보다 빠른 속도로 이동하는 초공간으로 들어간다. '바빌론 5Babylon 5' 시리즈는 초공간 여행의 또 다른 변형을 만들어 냈는데, 적어도 처음에는 외부 입구가 있어야만 들어갈 수 있다. 일단 초공간에 진입하면 다른 SF 버전과 마찬가지로 이동 거리가 단축되어 우주선의 일반 공간 추진 시스템으로 광활한 일반 차원 거리를 훨씬 더 빠르게 이동할 수 있다.

빛보다 빠르게 이동하기(점프 드라이브)

빛보다 빠른 최고의 드라이브는 수 광년 떨어진 A 지점에서 B 지점으로 사람이나 물건을 시간 경과 없이 순식간에 운송하는 것이다. 울프 359 별을 방문하고 싶은가? **클릭**만 하면 도착한다. 이러한 유형의 드라이브는 수많은 SF 소설과 시리즈에서 사용된다. 나는 1960년대 초에 처음 출판되고 에이스 북스에서 영어로 출간된 독일 책 '페리 로단^Perry Rhodan' 시리즈를 통해 이 유형의 우주 드라이브를 처음 접했다. 페리 로단 세계관에서는 우주선이 신비한 5차원을 사용하여 시간의 흐름을 조정하고 시간 지연 없이 항해할 수 있다고 말하는 것 외에는 작동 원리를 설명하는 데 많은 노력을 기울이지 않는다. 〈배틀스타 갤럭티카^Battlestar Galactica〉를 비롯한 여러 유명 영화와 TV 프로그램에서 이 방식을 사용한다. 이 방식에 과학적 연관성은 별로 없으며, 그 핵심은 희망적인 생각이다.

빛보다 빠르게 이동하기(통과할 수 있는 웜홀)

블랙홀과 그 사촌인 웜홀을 언급하지 않고 성간 여행에 관한 그럴듯한 책을 완성할 수 있을까? 제2장에서는 아인슈타인의 일반상대성이론에서 설명하고 성공적으로 예측한 휘어지는 시공간에 대해 소개했다. 블랙홀은 단순히 휘어지는 시공간을 논리적으로 극한까지 확장한 것이다. 블랙홀은 시공간을 너무 강하게 휘어서 빛조차도 빠져나갈 수 없을 만큼 거대한 물체가 있는 시공간 영역에서 만들어진다. 블랙홀은 다양한 방식으로 만들어지는데, 일반적인 방법은 우리 태양보다 훨씬 큰 거대한 별이, 자신의 질량이 구성 원자를 점점 더 가까이 끌어당기는 것을 막아내는 핵연료가 고갈된 후에도 계속 밀집된 끝에 결국에는 중력이 시공간 자체를 휘어지게 하여 구멍을 만들 정도로 밀도가 높아지는 것이다. 블랙홀의 사건의 지평선은 빛이 빠져나갈 수 없는 바깥쪽 가장자리 주변의 경계다. 휘어진 시공간을 만든 질량이 있는 블랙홀의 내부 영역을 특이점이라고 한다.

블랙홀이 그 자체로 입이 떡 벌어질 정도로 흥미롭지 않은 것처럼, 일반상대성이론 방정식의 수학에서 미래의 성간 여행자가 우주의 한 지역에 있는 블랙홀에 들어가서 다른 블랙홀이나 화이트홀을 통과하면서 연결된 '웜홀'을 통해 다른 곳에서 나올 수 있다는 이론적 가능성이 일부에서 제기되고 있다.그림 8.2. 화이트홀은 에너지를 방출만 하고 아무것도 들어가지 못한다는 점에서 블랙홀과 정반대의 성질을 가지고 있다. 화이트홀은 존재할까? 만약 존재할 경우, 필요한 특성을 지니려면 알큐비에르 워프 드라이브를 가능하게 하는 데 필요한 음의 질량과 같은 이질적인 물질로 만들어져야 할 것이다. 웜홀을 만드는 또 다른 이론적 방법은 앨버트 아인슈타인과 공동 연구자인 네이선 로젠이 2개의 블랙홀이 시공간을 가로질러 서로 연결될 수 있다는 사실을 발견한 데서 유래했다. 이러한 웜홀 연결은 SF에서 흔히 아인슈타인-로젠 다리라고 불린다. 물론 아인슈타인-로젠 다리가 존재한다면, 이 다리를 이용하기 위해 블랙홀에 진입할 때 발생하는 중력에 의해 우주선이 찢어질 수 있다는 작은(그 이상의) 문제가 있다. 이러한 아인슈타인-로젠 다리를 찾아서 들어가려면 그전에 성간 거리를 여행할 수 있는 우주선이 필요하다. 우리 태양계 근처에는 블랙홀이 없기 때문이다. 하지만 이런 문제가 SF 창작자들을 막지는 못한다.

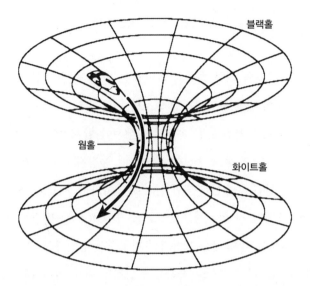

블랙홀

웜홀 →

화이트홀

그림 8.2. 웜홀로 이동하기. 이 상상도는 통과 가능한 웜홀의 단순함(이론상)을 보여준다. 우주선은 단순히 시공간의 어느 지점에서 블랙홀로 들어갔다가 다른 곳의 화이트홀로 나오기만 하면 되는데, 이 둘은 한 위치에서 다른 위치로 시공간을 터널링하는, 통과할 수 있는 웜홀로 연결된다.(Danielle Magley 그림)

영화 및 TV 시리즈 〈스타게이트Stargate〉 세계관에서는 고대 문명이 포털, 즉 스타게이트를 통해 들어가 통과할 수 있는 웜홀 네트워크를 만들었다. 물론 이것이 가능하려면 고대 문명이 인공 블랙홀을 만들고, 격리하고, 유지할 수 있어야 했지만, 당연히 아무도 그 방법은 알지 못했다. 영화에서 통과 가능한 웜홀의 가장 유명한 버전은 아마도 칼 세이건의 동명 소설을 원작으로 한 〈컨택트Contact〉와 크리스토퍼 놀런의 영화 〈인터스텔라Interstellar〉가 아닐까 한다.

빛보다 느리게 이동하기

물리학 이해에 대한 혁명과 환상적인 기술 발전이 일어나지 않는 한, 사람이 별에 도달하려면 빛보다 느린 속도로, 유인 우주여행의 경우 빛보다 훨씬 느린 속도로 여행해야 할 것이다. 이곳이 SF, 특히 문학에서 세계 우주선이 활발하게 등장하는 지점이다.* 제7장의 유인 성간 우주선에 대한 논의로 돌아가서, 세계 우주선은 수천 명의 주민이 지구의 생물권(또는 그 구성 요소)과 비슷하게 만들어진 세계에서 각자 삶을 살아가며 지구에서의 인류와 마찬가지로 사랑하고, 상실하고, 울고, 축하하며 살지만 다른 어딘가의 새로운 집을 향해 별 사이를 떠도는 인공 구조물이다.

세계 우주선이 어떤 모습일지에 대한 나의 개인적인 개념은 아서 C. 클라크의 《라마와의 랑데부Rendezvous with Rama》에서 비롯되었는데, 그것은 인간으로 가득 찬 우주선이 아니었다. 클라크가 들려준 이야기는 신비하고 거대한(20km×50km) 원통형 외계 우주선이 태양에 포획되지 않는 궤도를 따라 태양계로 진입한 후 태양계를 빠르게 통과하지만, 지구의 진취적인 인간이 우주선을 발사하고 랑데부하여 탐사할 수 없을 정도로 빠르지는 않다는 것이었다. 그곳에 도착한 인간은, 태양계에 진입하기 전에는 비활성 상태였던 것

---

* 영화에서 세계 우주선을 많이 보지 못하는 이유는 이야기의 속도 때문이 아닐까 한다. 한 세계에서 다른 세계로 이동하며 제한된 시간 내에 이 위협 저 위협에 직면하는 것은 TV나 영화에서 제한된 시간 내에 시청할 수 있고, 보다 사실적인 묘사를 위해 한 회에 하루씩 접근하는 것보다 매체에 훨씬 적합하다.

처럼 보이지만 태양의 온기에 가까워지면서 서서히 살아나는 완전한 외계 세계를 발견하게 된다. 우주선 안의 광활하고 텅 빈 외계 도시에 대한 클라크의 묘사는 책을 처음 읽은 지 40년이 지난 지금까지도 나를 사로잡고 있다. 인간이 만든 세계 우주선은 어떤 모습일까?

SF에서 우주선에 대한 가장 영향력 있는 묘사 중 하나는 로버트 하인라인의 책《하늘의 고아들Orphans of the Sky》에 있는 이야기들에서 나온 것이다. 하인라인은 세계 우주선에 탑승한 사람들이 자신들이 인공 구조물에 있다는 사실을 대부분 잊고 일종의 미신적 봉건 문화로 진화(퇴화)한 세계 우주선을 배경으로 삼아, 독자들에게 우리의 기술이 모두 사라지면 오늘날의 우리 인간은 미신이 만연하고 과학적 방법을 알지 못했던 소위 암흑시대의 인간과 근본적으로 다르지 않다는 점을 상기시켰다. 물론 독자들은 방사선으로 인한 돌연변이와 다른 과학/공학적 추측이 약간 우스꽝스러운(뒤늦게 생각해 보면) 점은 참아내야 한다. 이는 저자의 잘못이 아닌데, 이 책의 내용은 대부분 우주여행과 방사선이 생명체에 미치는 실제 영향에 대해 잘 알지 못하던 시절에 쓰였기 때문이다.

우주선에서의 삶을 현대적으로 가장 잘 묘사한 작품 중 하나는 진 울프의 '롱 선Long Sun' 시리즈에서 나온다. 이번에도 주인공들은 우주선의 기원, 목적, 목적지를 잊어버린 세계 우주선 문화 속에서 살아가고 있다. 우주선에는 신화가 자리 잡았고, 울프는 또 다른 세계뿐만 아니라 매혹적이면서도 슬픈, 완전히 새로운 문화를 훌륭하게 창조해 냈다.

세계 우주선은 아니지만 SYFY 채널의 〈어센션Ascension〉에 등장하는 우주선(실제로는 우주선도 아니었다)은 설득력 있고 그럴듯하다. 첫 번째 층위의 이야기는 세계 우주선이 아닌, 우주선처럼 보이고 그렇게 느껴지는 작은 성간 우주선의 승무원을 중심으로 전개되며, 승무원 수는 앞에서 이야기한 10,000명 이상의 숫자보다 훨씬 적다. 이 우주선은 1960년대 초 냉전이 한창일 때 발사되어 지구에서 프록시마 센타우리로 향하고 있다. 오리온 프로젝트와 같이 냉전 시대의 추진력을 이용한 이 우주선은 표면적으로는 냉전이 격화될 경우를 대비해 인류 종족을 보존하기 위한 일종의 방주로서 발사되었다. 이 우주선과 승무원들의 실제 이야기는 전혀 다르므로 여기서 밝히지 않겠다. 이 쇼는 1963년에 발사된 성간 항해가 어떤 모습이었을지 현대의 관점에서 사실적으로 묘사한다. 묘사에 대한 나의 유일한 불만은 승무원들에게 밀실 공포증이 없다는 것이다. 아무리 좋은 곳이라고 해도 평생을 호텔에 갇혀 지낸다는 것은 극심한 밀실 공포증을 유발할 수 있는데, 제작진이 승무원들에게 그런 느낌을 전달할 수 있는 창의적인 방법을 찾았다면 좋았을 것 같다.

나는 최근 몇 년 동안 성간 여행을 가장 재미있게 묘사한 대형 스크린 영화 중 하나에 고개를 끄덕인다. 〈패신저스Passengers〉이다. 성간 여행에 관한 영화를 보려면 나는 뇌의 과학자 부분을 끄고, 교육을 받기 위해서가 아니라 즐기기 위해 거기에 있다고 스스로를 설득해야 한다. 이 능력이 없었다면 나는 SF 영화를 즐길 수 없었을 것이다. 자문을 몇 번 해보고는 이해하게 되었다. 기술적으로 최대한 사실적이기를 원하는 감독들조차도 기술 자문에게 이야기를 위해 사실성은 항상 희생될 것이라고 말한다.* 〈패신저스〉에서도 이런 일이 여러 번 일어난 것이 분명해 보이는데, 괜찮다. 이 영화는 지구에서 다른 항성계를 향해 100년 이상 여행하는 동면 우주선을 배경으로 한 러브 스토리이다. 우주선의 승무원과 승객들은 나이가 들지 않는 동면 상태에 있으며, 여행 대부분의 시간 동안 동면 상태를 유지해 잠에서 깨어나 도착한 날이 잠을 잔 다음 날처럼 느껴지도록 해야 한다. 무언가 잘못되어 두 명의 승객이 너무 일찍 깨어나서 배를 구한 후 사랑에 빠지게 되는 경우만 빼면 말이다. 이건 괜찮다.

마지막으로 영화 〈에일리언Alien〉 시리즈에 극찬을 보낸다. 〈에일리언〉에 등장하는 우주선과 승무원들은 새로운 세계에 정착하기 위해 떠난 정착민이 아니라 부도덕한 기업의 직원으로, 끝없는 이윤을 추구하는 기업의 속임수에 넘어가 극도로 위험한 상황에 처하게 된다. 이 시리즈에는 빛보다 느린 이동, 제한된 선내 보급품을 모니터링하고 배급해야 할 필요성, 우주선에 필요한 고효율 재활용 시스템의 복잡성, 동면, 이러한 여행의 기계적 측면을 전달하는 현실성, 위험, 인간이 예측할 수 없는 요소를 너무나 훌륭하게 따라하는 인간형 안드로이드 등 잠재적이고 현실적인 미래 성간 우주

---

* 나는 영화 〈로스트 인 스페이스(Lost in Space)〉, 〈솔리스(Solis)〉, 〈유로파 리포트(Europa Report)〉의 기술 자문이었다. 매번 믿을 수 없거나 물리적으로 불가능한 장면에 대해 이의를 제기하면 감독들은 내 의견을 들은 후 자신들이 원하는 대로 진행했다. 이것이 기술 자문의 삶이다.

선의 모든 요소가 담겨있다. 그리고 당연히, 악랄한 에일리언을 만나 싸우는 스릴도 빼놓을 수 없다.

우주 드라이브에 대한 추측

실제 과학에 기반한 것처럼 들리고 실제 과학과 관련된 수학적 엄격함을 갖고 있지만 실제로는 추측에 불과한 과학 이론을 논의하기에 SF 장보다 더 좋은 곳이 있을까? 알큐비에르, 워프, 초공간, 점프 드라이브처럼 이미 논의된 것도 있지만, EM 드라이브와 '진공의 양자 에너지'를 활용하는 이론처럼 아직 논의되지 않은 것도 있다.

대부분의 우주 추진 방식은 아무리 발전된 방식일지라도 일반적으로 탱크에 저장되어 탑재된 추진제, 추진 시스템을 통해 그 추진제를 가속시켜 우주선에 추진력을 주는 방식으로 구성된다. 하지만 탑재된 추진제를 사용하지 않고 우주선에 힘을 발생시킬 수 있다면 어떨까? 이 질문에 대해 생각하려면 세부적인 내용을 살필 때 염두에 두어야 할 몇 가지 중요한 보존 법칙(에너지/운동량)이 있으므로 신중해야 한다. 수많은 우주 드라이브가 이러한 잘 알려진 법칙에 위배되며, 우리가 살고 있는 물리적 세계보다는 〈해리 포터 Harry Potter〉의 마법 세계에 더 가깝다. 그렇다고 해서 우주 드라이브나 추진제 없는 추진이 불가능하다는 말은 아니다. 태양 돛을 예로 들 수 있는데, 태양 돛은 추진제가 탑재되어 있지 않아 추진제 없는 추진 방식으로 분류되지만, 그렇다고 해서 반작용이 없다는 의

미는 아니다. 태양 돛에 부딪혀 반사되는 광자가 있다는 것은 누구나 알고 있는 사실이며, 운동량과 에너지를 보존하기 위한 물리적 과정의 결과로 돛이 가속되어야 한다. 돛은 (대부분의 경우) 태양이 제공하는 광자의 작용에 대한 반작용을 사용한다.

반작용 질량이 필요하지 않은 다른 방법으로 우주선 추진력을 만들어 낼 수 있을까? 비행기를 생각해 보자. 비행기는 프로펠러를 사용해 비행기가 놓여있는 공기와 상호작용함으로써 힘을 만들어서 움직인다. 비행기에는 비행기 뒤쪽으로 분사하여 힘을 발생시키는 압축 공기 탱크가 없다. 그렇다. 비행기에는 추진제 탱크가 있지만 이것은 프로펠러를 회전시키는 데 사용되는 에너지원이다. 이 예에서 반작용 질량은 당연히 주변 공기다. 우주선을 추진하기 위해 시공간의 구조와 상호작용하는 방법은 아직 발견되지 않았을까? 일부에서는 발견되었다고 생각한다.

Em[성간 추진] 드라이브는 마이크로파 광선을 만들어 내부에서 앞뒤로 비대칭적으로 여러 번 반사하여 순 운동, 즉 추력을 생성하는 방식으로 작동하는 것으로 알려진, 반작용 없는 드라이브이다. 핵심은 비대칭 반사인데, 이것은 그냥 단순히 반사경 중 하나의 모양이 나머지 것과 다르다는 것을 의미한다. 이 드라이브는 (로켓처럼) 추진제를 소비하거나 (광자나 빔 에너지 돛처럼) 외부 추진력 없이도 순 추력을 생성할 수 있는 획기적인 기술이라고 알려져 있다. 다시 말해, 일단 활성화되어 작동하면 성간 여행에 유용한 속도로 계속 가속할 수 있으며, 그 밖에 알려진 모든 우주 드라이브가 필요로 하는 막대한 동력과 추진제가 필요하지 않은 우주 드라이브라는 것이다. 사실이라고 하기에는 너무 그럴듯하게 들리는데, 이는 운동량 보존 법칙을 위반하기 때문이다. 이것은 뉴턴의 법칙 중 하나로, 시스템 내에서 운동량의 양은 일정하게 유지되며, 만들어지거나 없어지지 않고 힘의 작용에 의해서만 변화한다는 것이다. 운동량 보존은 로켓이 작동할 수 있게 하는 원리로, 수백 년 동안 자연계에서 관찰되어 왔으며 **거짓으로 판명된 사례가 없는** 법칙이다. 전 세계의 수많은 실험실에서 다양한 제어 조건하에 다양한 버전의 EM 드라이브를 제작하고 테스트했는데, 가장 엄격한 테스트를 통해 추진 효과가 없는 것으로 드러났다.(EM 드라이브의 추진 효과는 지구 자기장과의 상호작용 때문인 것으로 밝혀졌다. ―옮긴이)

미디어에 자주 등장하는 또 다른 인기 있는 동력과 추진 아이디어는 '진공의 양자 에너지 활용'이다. 이 이름은 양자역학('양자 에너지')의 기이함과 '진공'이라고 하면 떠오르는 멀고 고립된 이미지 때문에 기술적이고 신비롭게 들린다. 물리학자들은 빈 공간이 (물리적 크기와 시간 규모 모두에서) 극히 작은 한계에서 생각하면 그렇게 비어있지 않다고 이야기한다. 시공간에서는 수많은 가상의 입자들이 존재했다가 사라지며, 평균적으로 아무것도 존재하지 않는, 평균적으로는 '비어있는' 진공상태를 만든다고 이론화한다. 진공에너지는 실재하며, 그 안에 포함된 에너지도 실재한다는 것을 보여주는 카시미르 효과라는 것이 실험적으로 검증되었다.

이전 장에서 빈 공간이 그렇게 텅 비어있지 않다는 점을 설명했다. 성간 공간에는 평균적으로 1cm^{3}당 원자가 하나씩 존재하며, 사방에서 쏟아지는 별의 빛, 약한 자기장, 암석이나 먼지 조각 등이 있다. 이 모든 것 외에도 우리는 공간 자체의 진공에 대해 생각해 볼 필요가 있다. 이 지나가는 것들 사이에 공간을 구성하는 무언가가 있을까? 양자역학과 끈 이론에 대한 논의를 다시 살펴보면 '빈 공간'은 서로 상쇄되는 무수한 파장과 진폭의 전자기파로 이루어져 있으며, 단일 파장 파동의 진폭 꼭대기는 위상이 180도 다른 동일한 파장의 다른 파동에 의해 저절로 상쇄된다.그림 8.3. 이 두 파장이 합쳐지면 결과 파동은 진폭이 0이 되며 우리가 감지할 수 있는 어떤 방식으로도 나타나지 않는다.

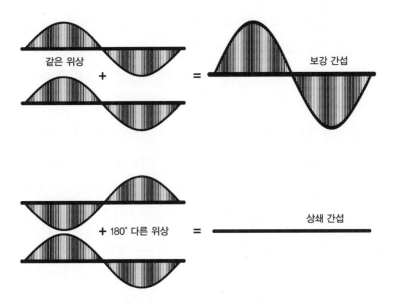

그림 8.3. 파동의 간섭. 2개의 동일한 파동이 만나서 꼭대기가 정렬되면 진폭(높이)이 더해져서 더 크고 에너지가 넘치는 파동이 만들어진다. 동일한 두 파동이 위상이 180도 다른 상태에서 만나서 진폭이 더해지면 서로 상쇄되어 결과적으로 파동이 전혀 없는 것처럼 보인다. (양자역학으로 인해) 시공간에 거의 무한대에 가까운 수의 전자기파가 빠르게 들어오고 나가는 경우, 전자기파의 평균 진폭은 0이 되어야 한다.

바로 여기에서 카시미르 효과가 등장한다. 훌륭한 물리학 실험은 대개 누군가가 "만약에?"라는 질문을 던지는 데서 시작된다. 이 경우에는 물리학자 헨드릭 카시미르가 미세하게 조정된 거울을 서로 마주 보도록, 아주아주 가깝지만 서로 닿지는 않게 놓으면 진공 상태에서 어떤 일이 일어날지 질문했다. 두 거울 사이의 공간에는 거기에 들어갈 수 있는 짧은 파장의 양자 파동만 저절로 나타났다가 사라질 것이다. 더 긴 파장은 거울 사이의 간격이 너무 작아서 들어가지 못할 것이다. 이런 일부 파동이 제외되면 바깥쪽 진공에 포함된 에너지가 더 높아진다. 바깥쪽의 진공이 더 긴 파장의 파동을 물질화/비물질화할 수 있기 때문이다. 이 에너지 차이는 두 거울 판을 서로 밀어붙이는 외부 압력을 만들어 낸다. 1948년 카시미르가 이 질문을 했을 당시에는 이 효과를 일으킬 것으로 예상되는 힘을 측정할 수 있을 만큼 작은 거울을 만들거나 충분히 민감한 기기를 만들 방법이 없었다. 1996년 로스앨러모스 국립연구소의 과학자들이 힘을 성공적으로 측정하고 카시미르 효과가 실제로 존재한다는 사실을 발견하면서 상황이 바뀌었다. 측정이 된 지금은 다른 문제가 있다. 이론에 따르면 가능한 모든 파장이 시공간의 진공 속에서 저절로 나타났다가 상쇄된다. 이것은 좋은 소식이어야 한다. 우리 주변에 활용되기를 기다리고 있는 무한한 에너지가 존재한다는 말이기 때문이다. 불행히도 우리는 이것이 사실일 수 없다는 것도 알고 있다. 이 에너지가 정말 무한하다면 상대성이론에 따라 시공간은 무한히 휘어져야 하는데, 그렇지 않잖은가. 진공 에너지에 대한 우리의 이해가 불완전한 게 분명하다. 실제로 관측된 시공간 특성에 따르면 진공의 총 에너지는 우주여행을 위한 에너지원으로 사용하기에는 너무 작고, 설사 더 많은 에너지를 가지고 있다고 하더라도 이를 쉽게 이용할 수 있는 방법을 알지 못한다.[4]

우주 추진 문제(대부분 규모의 문제)에 대한 빠르고 쉬운 해결책을 찾고 있다면 '공짜 점심은 없다'는 말을 떠올리기 바란다. SF 커뮤니티에서, 사실이라고 하기에는 너무 좋아 보이는 상황을 설명할 때 사용하는 말이다. 이 말은 우주 물리학과 공학을 포함한 삶의 거의 모든 측면에 적용될 수 있는 것으로, 로버트 하인라인이 1966년에 출간한 SF 소설 《달은 무자비한 밤의 여왕The Moon Is a Harsh Mistress》에서 대중화했다. EM 드라이브와 양자 진공 에너지 사용 모두 여기에 분류될 수 있다.

가사 상태에 대한 추측

SF 세계 우주선 설정에서 그럴듯하게 들리지만 현재로서는 추측에 불과한 가장 인기 있는 장치는 가사 상태이다.* 수십 년 또는 수백 년의 항해를 피할 수 없는 정착민들의 여정을 위해 초저온 관에 들어가는 것이다.** 여기에서는 수 세기 후에 도착해서 깨어날 때

---

* 가사 상태는 현대의 SF보다 먼저 있었던 것이 분명하다. 백 년 동안 잠들어 백마 탄 왕자를 기다리는 잠자는 숲속의 공주나 립 반 윙클의 이야기를 생각해 보라.

** SF 소설이나 영화에 등장하는 가사 상태는 항상 냉동만 하는 건 아니다. 노화 과정을 늦추거나 멈추게 하는 신비한 화학물질로 가득 차 있기도 하고, 어떻게 작동하는지 설명조차 하지 않는 경우도 있다. 그냥 그렇게 된다.

까지 신체 기능(노화)이 멈추고, 왕성한 남성 캐릭터는 시간의 경과를 보여주기 위해 약간의 얼굴 털이 자라는 것 외에는 별다른 변화를 보이지 않는다. 가사 상태는 스탠리 큐브릭의 영화 〈2001: 스페이스 오디세이2001: Space Odyssey〉에서 불운한 디스커버리호 승무원들이 목성으로 향하는 여정 중 목적지에 도착하기 전에 이상한 인공지능 HAL에 의해 살해당하는 장면에서 사용된 것으로 유명하다. 이와 유사한 가사 상태는 〈에일리언〉과 그 속편 및 전편에 사용되어 시고니 위버가 수십 년 이상 가사 상태에 있었어도 청소년 남성 관객을 설레게 할 수 있었다. 더 최근의 예로는 크리스토퍼 놀런의 〈인터스텔라〉와 모튼 틸덤의 〈패신저스〉를 들 수 있는데, 생각을 확장시키는 거대한 아이디어의 영화(〈인터스텔라〉)부터 사랑 이야기의 편리한 배경이 되는 성간 방주(〈패신저스〉)에 이르기까지 이야기 공간의 범위를 아우르고 있다. 이 편리한 의료 기능을 활용한 책과 영화를 모두 나열하는 것은 불가능할 정도로 목록은 계속 늘어난다. 그런데 가사 상태는 완전한 허구일까, 아니면 과학에 근거한 것일까?

답은, 두 가지 요소가 결합되어 있다는 것이다. 여러 동물이 겨울에 동면을 하는데(훨씬 드물지만 여름에 하안夏眠을 하기도 한다) 오랜 시간 동안 신체 활동을 극적으로 둔화시켜 체내에 저장된 영양분으로 살아갈 수 있도록 하며, 때로는 한 계절 내내 동면하기도 한다. 동면하는 포유류의 잘 알려진 예로는 수많은 설치류, 다람쥐, 그리고 당연히 곰이 있다. 잠자는 사람들은 공기, 물, 음식을 많이 소비하지 않기 때문에 깊은 우주를 여행할 때 인위적으로 짧은 시간 동안 동면을 유도하는 것은 물류 측면에서는 이해가 될 수 있지만, 안타깝게도 노화 과정이 멈추지는 않을 것이다. 곰은 잠자는 동안에도 노화가 진행되고, 과학자들이 노화 과정을 별도로 멈출 방법을 찾지 못한다면 잠자는 인간도 마찬가지다.

인간은 자연적으로 동면하지 않지만, 우발적이거나 의도적으로 저체온증을 유발한 자료에 따르면 적어도 단기적으로는 동면이 가능하다고 한다. 차가운 물에 장시간 잠겨도 뇌나 기타 장기에 손상을 입지 않고 살아남은 사례와, 특정 종류의 심장마비나 뇌졸중을 겪은 사람의 생명을 구하기 위해 의사들이 유사한 조건을 만든 사례도 잘 기록되어 있다.[5] NASA와 다른 우주 기관에서는 화성으로 향하는 승무원에게 동면을 유도하여 거의 1년 동안 깨어있을 때 발생하는 문제를 완화할 수 있는 가능성을 연구하고 있다.

다른 별로의 여행 중 동면은 현실적인 선택이 될 것 같지 않다. 노화 과정을 동시에 늦추거나 멈추는 것은 어떨까? 노화를 늦추는 것은 그렇게까지 어렵지 않을 수 있지만, 멈추는 일은 불가능할 것 같다. 미시간 대학교 글렌 노화 연구센터의 연구자들은 일부 약물 치료가 생쥐의 평균 수명을 15~20% 이상 연장하는 것으로 나타났다는, 동료 검토를 거쳐 발표된 의학 연구 논문을 인용한다.[6] 다른 연구에 따르면 탄수화물 섭취를 획기적으로 줄이면 생쥐의 수명이 40%까지 늘어나는 것으로 나타났다. 그렇다면 용감한 탐험가들이 임상적으로 입증된 약물을 기꺼이 주사하고 거의 굶는 식단으로 잠을 자게 한다면, 깨어난 후에도 생산성을 잃지 않고 몇 년 동안 잠을 잘 수 있을지도 모른다. 여전히 노화는 진행되겠지만 노화로 인한 부작용을 겪지는 않을 것이다. 이것이 성간 여행에서 실현 가능하려면 긴 여행 시간을 고려할 때 미래의 의료 혁신이 수명을 40% 이상, 어쩌면 140% 이상 늘려야 한다.

목적지에서의 생활

SF는 종종 성간 항해의 종착지에서 어떤 삶이 펼쳐질지에 대한 장밋빛 그림을 그려낸다. 커크 선장, 스팍, 맥코이 박사가 지구와 비슷한 행성을 차례로 방문하면서 연방을 구하는 모험이 매주 시청자들을 흥분시켰다. 이 전통은 20년 후 피카드 함장과 트로이 보좌관으로 이어져 여러 시즌 동안 계속되었다. 간혹 인간이 살기 힘든 환경의 행성을 마주치기도 했지만 이는 매우 드문 일이었다. 〈배틀스타 갤럭티카〉에는 12개의 인간 식민지가 있는데 모두 지구와 비슷하며 우연하게도 이 우호적인 세계에서 번성하는 인간들로 가득 차있었다. 〈스타워즈〉의 코루스칸트, 다고바, 루크의 고향인 타투인도 기본적으로 마찬가지였다.

아시모프의 '파운데이션Foundation' 시리즈에 등장하는 은하 제국에는 제국의 수도인 트랜터를 비롯한 수백만 개의 행성에 인간이 정착하는 등 소설 속에서도 인간 친화적인 세계가 꽤 흔하게 등장한다. 데이비드 웨버의 '아너버스Honorverse' 시리즈에는 인간이 살 수 있는 수많은 세계가 있으며, 그중에서도 맨티코어와 헤이븐이 가장 유명하다. 이러한 세계는 현실 세계 혹은 실제 은하계에 존재할 가능성이 극히 낮다.

현재의 천문학과 행성학의 이해에 따르면 지구의 환경은 수십억 년에 걸친 일련의 역사적 사건들의 산물이며, 이것이 다른 곳에서 재현될 가능성은 지극히 낮다. 그렇다고 해서 생명체가 살기 좋은 행성이 존재하지 않을 거라는 뜻은 아니다. 지구 생명체에게 우호적인 환경을 갖추지 못했을 가능성이 높다는 말이다. 지구의 역사에서 중요한 사건이 단 하나 일어나지 않았거나, 조금 다르게 발생했거나, 다른 시기에 일어났다면 오늘날의 지구는 근본적으로 달라졌을 것이다. 지구의 궤도가 태양에 더 가까웠다면 지구는 금성과 비슷했을 테고, 더 멀었다면 화성과 비슷했을 것이다. 지구에 강력한 자기장과 자외선을 차단하는 오존층이 없었다면, 지구 표면에 지속적으로 내리쬐는 자외선으로 인해 우리가 알고 있는 생명체가 존재하지 않았을 수도 있다. 지구에 물이 많지 않았다면 우리가 생존하는 데 필요한 산소를 생산할 광합성 식물, 조류, 세균이 충분하지 않았을 수도 있다. 목록은 계속 이어진다.

다른 별의 주위를 도는 세계로 여행할 때, 심지어 거주 가능한 영역에 행성이 있는 것처럼 보이는 항성계라도 그곳에 도착하면 인간이나 지구 생명체가 살기에 전혀 적합하지 않다는 사실을 알게 될 수도 있다. 지구 생명체가 우주선에서 나와 공기를 마시고 뿌리를 내리고 번성하고 성장할 수 있는 세계는 찾기 힘들다. 대신 대부분의 새로운 세계는 숨을 쉴 수 없는 유독성 공기로 가득하거나 육상 식물을 키우는 데 필요한 영양분이 전혀 없는 토양 등일 것이다. 다시 말해, 정착민들은 두 가지 중 하나를 할 때까지 그곳에 세워진 다양한 인공 구조물에서 여생을 보내야 할 것이다. 테라포밍 또는 적응이다.

다른 행성을 지구처럼 만드는 테라포밍은 수 세기에 걸친 과정이 될 테고 그 결과는 불확실하다. 행성(또는 위성)의 대기 구성과 온도, 그리고 궁극적으로는 생태계를 계획적으로 변경하여 기존의 행성을 수정하거나 행성을 처음부터 새로 만드는 것과 관련된 진지한 과학 논문이 작성되었다. 새로운 아이디어는 아니지만 이 과정은 1942년 잭 윌리엄슨의 소설 〈충돌 궤도Collision Orbit〉가 출간되면서 SF에서 유래한 테라포밍이라는 이름으로 널리 사용되고 있다. 이후 로버트 하인라인의 《우주의 개척자Farmer in the Sky》, 아서 C. 클라크의 《화성의 모래The Sands of Mars》, 킴 스탠리 로빈슨의 '화성Mars' 시리즈 등 다양한 SF 소설에 등장했지만 영화나 드라마에서는 그다지 많이 등장하지 않았다. 〈스타 트렉〉과 〈닥터 후Dr. Who〉의 몇몇 에피소드와 〈어라이벌〉(우리나라에서는 '컨택트'라는 제목으로 개봉했다—옮긴이)와 같은 소규모 영화를 제외하면 행성의 생물권을 수정한다는 원대한 비전은 대부분 소설의 주제에 머물러 있다. 테라포밍은 가능할까?

일론 머스크는 가능하다고 생각하는 것 같다. 이 스페이스엑스의 설립자는 화성의 극지방에서 수천 개의 핵무기를 공중에서 폭발시킨 후 대부분 이산화탄소와 물로 이루어진 얼어붙은 휘발성 물질을 증발시켜 대기 중으로 방출하는 계획을 공개적으로 논의한 적이 있다. 아마도 높은 고도에서 폭발하면, 언젠가 지구와 같은 환경이 되었으면 하는 곳으로 방출되는 방사선의 양이 제한될 것이다. 대량의 핵무기를 포함하지 않는 다른 아이디어는, 통제되지 않은 이산화탄소의 대기 방출과 그에 따른 기후변화가 진행 중인 지구에서의 불행한 실험과 같이 입증된 테라포밍 방식을 모색하는 것이다. 그렇다. 우리는 우리 지구에서 통제되지 않은 테라포밍(혹은 테라 언포밍)을 수행하고 있다. 《네이처천문학Nature Astronomy》 저널에 발표된 흥미로운 아이디어는 우주선의 보온을 유지하는 데 사용되는 것과 유사한 에어로젤을 사용해 화성 표면의 일부에 열을 유지하고 그 안에 갇힌 휘발성 물질을 방출하는 것이다. 실리카 에어로젤은 가시광선에는 투명하게 하여 햇빛의 에너지를 통과시키고 적외선에는 불투명하게 만들어, 가시광선이 에어로젤 아래 얼어붙은 흙에 흡수될 때 발생하는 열에너지를 가두어 그 안에 얼어붙은 기체를 따뜻하게 해서 증발시킬 수 있다.[7] 창의적인 사람들은 창의적인 아이디어를 떠올릴 수 있다. 이것이 그럴듯할까? 원칙적으로는 그렇다. 하지만 갇혀있거나 방출될 수 있는 이산화탄소의 양에 따라 달라지며, 이에 대한 상반된 자료가 발표되어 있다.[8] 다른 행성을 테라포밍하는 작업에는 애초에 그곳에 도착하기 위해 출발하는 임무를 수행하는 것과 비슷한 규모의 노력이 필요하다는 점을 기억하라. 행성은 매우 크고 복잡한 대기 물리학을 가지고 있으며,* 현재 상태에서 원하는 목표인 지구 2로 이동하는 데 필요한 단계를 결정하는 것은 각 행성마다 모두 다르다.

　행성 전체를 변화시키는 것이 너무 벅차다면, 정착민들은 훨씬 작은 위성에 거주 가능한 세상을 만들 수도 있다. 현재 수십억 명

---

* 　당신네 동네의 일기예보는 얼마나 정확한가?

에 달하는 급증하는 인구를 수용하기 위해 지구 전체 면적이 필요하진 않다는 점을 염두에 두자. 지구 표면은 약 70%가 물로 이루어져 있으며, 약 1억5,000만km²의 마른 땅이 남아있고 그중 3분의 1은 사막으로 간주된다. 이에 비해 물이 거의 없는 달 표면은 약 3,700만km²로, 1만 명 정도의 승무원이 집이라고 부르기에 충분한 공간이다. 물론 여기에는 몇 가지 문제가 있는데, 그중 가장 큰 문제는 대부분 위성의 표면 중력이 지구나 화성보다 훨씬 낮기 때문에, 만들어지거나 방출된 대기가 우주로 천천히 새어 나간다는 것이다. '껍질 세계shell worlds'가 필요하다.

공학자 켄 로이가 제안한 껍질 세계는 작은 위성에 불과하지만, 그래핀이나 케블라, 강철과 같은 간단한 재료로 만든 보호 껍질로 둘러싸여 있다. 껍질 안에는 지구와 같은 대기와 생물권이 만들어지고 유지될 수 있다. 로이의 계산에 따르면 화성 크기의 껍질 세계는 지구 대기 질량의 약 7%만 있으면 자외선과 태양 방사선을 차단할 수 있으며, 재료와 제작 시간도 훨씬 적게 소요될 것으로 예상된다. 여전히 거대한 공학 과제지만 상대적으로 훨씬 더 관리하기 쉽다.[9]

행성을 인간에게 적합하도록 변화시키는 일이 너무 어렵거나 불가능하다면, 그 반대는 어떨까? 인간을 변화시켜 여정의 끝에 어떤 환경이 기다리고 있든 생존 가능하도록 할 수 있을까? 다시, "어쩌면"이라는 대답이 돌아온다. 인간 게놈 프로젝트의 성공으로 우리는 이제 세포를 '인간'으로 프로그래밍하는 코드와 '고양이' 또는 '개'로 프로그래밍하는 코드에 대해 더 많이 알게 되었다. 유방암,

제1형 당뇨병 등과 같은 질병에 어떤 유전자가 기여하는지에 대해서도 더 잘 알게 되었다. 예를 들어, 유전성 유방암의 일반적인 원인은 BRCA1 또는 BRCA2 유전자의 돌연변이다. 일반적으로 이 유전자들은 손상된 DNA를 복구하는 단백질을 만드는 데 도움을 주지만, 돌연변이가 되면 비정상적인 세포 성장과 암을 유발할 수 있는 것으로 알려져 있다.[10] 이러한 특정 유전적 이상을 가진 많은 여성들이 암 발병 위험 대신 선제적 수술을 선택하는 이유는 이 연관성이 잘 알려져 있기 때문이다. 과학자들은 특정 유전자와 암 같은 질병 사이의 연관성을 더 잘 이해하기 위해 노력하고 있으며, 돌연변이를 복구하거나 돌연변이가 애초에 발생하지 않도록 막을 방법을 찾고 있다.

농업이 발명된 이래 인류는 작물 선택과 교배를 통해 식물의 유전자를 변형시켜 옥수수, 밀, 대두, 바나나 등 우리 식탁의 주식이 되는 많은 식품을 만들어 왔다. 유전자 서열 분석이 가능해지자 누군가가 이러한 유전자를 의도적으로 편집하거나 변경하는 방법을 알아내는 것은 시간문제였으며, 유전자 변형 작물이 그 첫 번째 결과물 중 하나였다.

유전자 변형 옥수수를 생각해 보자. 바실러스 튜링겐시스[Bt]는 일부 곤충에게 치명적인 독소를 생성하는 세균이다. 옥수수에 Bt의 유전자를 삽입하면 식탁에 오르거나 동물 사료가 되기 전에 곤충에게 먹힐 가능성이 줄어든다. 미국에서 소비되는 옥수수의 대부분은 좋든 싫든 Bt 옥수수이다. 대부분의 기술이 그러하듯, 훨씬 번거롭고 시간이 많이 걸리던 과정을 크게 간소화하는, 개선되고 더 효율적인 크리스퍼CRISPR*와 같은 과정이 등장했다. 크리스퍼 덕분에 전 세계의 크고 작은 연구실에서 유전자 편집 연구가 진행되고 있다. 누군가 인간에게 유전자 편집을 사용하기 시작하고, 단순히 살아있는 사람의 기존 유전자를 변경하는 게 아니라 사람이 되기 전 그 사람의 유전자를 변경하여 변경된 유전자가 잠재적으로 그 사람의 유전체의 영구적인 일부가 될 수 있도록, 수정하려는 형질이 정상적인 생식 방식으로 미래 세대에게 (잠재적으로) 전달되도록 하는 것은 불가피한 일이었다.

2018년 중국의 한 과학자가 이러한 방식으로 인간 배아의 유전자를 변형했다고 발표하면서 과학계가 발칵 뒤집혔다.[11] 그 후 이어진 윤리적, 도덕적 파문으로 이 과학자는 직장을 잃었고 전문 경력도 망칠 가능성이 높다. 그리고 내 생각에는 그럴 만하다. 이 분야는 너무 새롭고, 그러한 임시적 처방의 장기적인 영향은 충분히 이해되지 않았다. 현재로서는 이 새로운 기술이 실험실에서 인류를 향해 도약하기에는 해를 끼칠 가능성이 너무 크다. 그러니까, 미래 세대의 생명을 제한하는 심각한 선천적 결함을 제거할 완벽한 방법이 있다면, 아마도 미래에는 합법적이고 실행 가능한 선택이 될 것이다. 그리고 미래에 정착민들이 지구와 같지는 않아도 거주할 수 있는 새로운 세계에 도착했을 때 이 기술은 그 새로운 환경에서 살 수 있도록 그들 자신과 미래 세대를 수정하는 일에서 입증

---

* CRISPR는 'clusters of regularly interspaced short palindromic repeats(규칙적인 간격을 갖고 나타나는 짧은 회문 구조의 반복 서열)'를 뜻한다.

되고 사용 가능할지도 모른다. 대기 중 산소 함량이 너무 낮다면? 유전자를 수정하여 보완할 수 있다. 중력이 너무 낮아 조기 골다공증을 예방할 수 없다고? 유전자를 편집해서 칼슘 흡수와 적절한 골밀도를 유지하도록 뼈에 필요한 압축을 조정한다. 이런 목록은 계속 이어진다.

이 아이디어를 제법 잘 탐구한 SF 소설이 많다. 로이스 맥마스터 부졸드의 《폴링 프리Falling Free》, 데이비드 브린의 《스타타이드 라이징Startide Rising》, 옥타비아 버틀러의 《새벽Dawn》이 그런 작품들이다.

SF는 우리가 주의 깊게 고려해야 할 몇 가지 주의 사항을 제공하기도 한다. 〈가타카Gattaca〉는 내가 본 것 중 가장 심오하면서 철저하게 우울한 영화 중 하나다. 〈가타카〉가 상상하는 너무나도 그럴듯한 미래에 부유층은 외모, 운동 능력, 지능, 시력 등 모든 면에서 완벽에 가깝도록 자녀의 유전자를 조작해 마거릿 생어[12]와 다른 우생학자들의 디스토피아적 미래에 대한 생각을 실현한다. 이 이야기는 유전자를 수정하지 않은 개인과 그가 평생의 꿈을 이루기 위해 가야 하는 길이 중심이 된다. 내가 살고 싶지 않은 미래. 여러 기술들과 마찬가지로(총과 원자폭탄이 떠오른다) 유전공학 사용의 윤리는 사회와 개인이 신중하게 고려해야 한다. 〈가타카〉 같은 미래를 만드는 것과 1형 당뇨병을 없애기 위해 이 기술을 사용하는 것은 별개의 문제이다. 그리고 지구인들을 다른 행성에 적응시키는 데 이 기술을 사용하는 것은 허용 가능한 사용의 또 다른 예가 될 수 있다.

목적지의 외계 생명체

다음으로 외계 생명체에 관한 문제가 있다. SF에서 우주는 원시 생명체나 미생물 같은 것뿐만 아니라 우리처럼 지능을 가지고 도구를 사용하는 생물로 가득 차있다. 이러한 생명체에 대한 묘사는 책이나 단편소설과 텔레비전 시리즈 또는 영화가 상당히 다르다. 최근의 합성 기술과 컴퓨터 효과의 획기적인 발전이 있기 전까지는 스크린에서 정말로 외계인 같은 외계인을 창조하는 일이 사실상 불가능했다. 그렇기 때문에 대부분의 텔레비전 외계인은 인간형이다. 〈스타워즈〉에 등장하는 외계인 대부분이 다른 행성에서 온 인간이고, 가끔 재미있는 옷을 입은 이족보행하는 사람처럼 보이는 것은 우연이 아니다. 외계인을 만들어 내는 특수 효과와 의상 예산 내에서 할 수 있는 게 그것뿐이었기 때문이다. 〈스타 트렉〉 세계관에서는 작가들이 은하계에 대한 이론을 만들어 마주치는 외계인이 대부분 인간처럼 보인다는 사실을 편리하게 설명했다. 현대 기술의 지원으로 일부 진지한 SF 영화는 진정한 외계 생명체를 훌륭하게 묘사했다. 2016년 영화 〈어라이벌〉을 떠올려 보라. 이 영화에서 지구에 온 외계인의 외모, 행동, 의사소통 방식은 인간과 전혀 닮지 않았다. 주인공 루이스 뱅크스는 마침내 외계인과의 의사소통의 비밀을 밝혀내고, 외계인의 언어가 화자의 뇌 작동 방식을 바꿔 이전에는 상상하지도 못하고 상상할 수도 없었던 방식으로 지각과 물리적 세계를 변화시킨다는 사실을 알게 되었다. 테드 창의 단편소설을 원작으로 한 〈어라이벌〉은 아마도 외계인과의 첫 접촉을 가장 사실적으로 묘사한 영화 중 하나인데, 그 사실성은 묘사된 외계인의 특정한 특성 때문이 아니라 영화가 불러일으키는 '다름'의 감각 때문일 것이다.

SF 문학의 세계에서는 영화적 특수 효과의 제약을 받지 않고 머릿속으로 시각적 효과를 만들어 내기 때문에 창의력을 발휘할 여지가 훨씬 더 많다. 머레이 레인스터의 1946년 소설 〈퍼스트 컨택트First Contact〉에서는 성간 지구 우주선이 거의 동일한 기술력을 가진 외계 우주선을 만나고, 두 우주선은 잠재적으로 적대적인 우주에서 평화롭게 교류할 방법을 찾아야만 한다. 메리 도리아 러셀의 《더 스패로The Sparrow》에서는 인간과 거의 비슷하면서도 완전한 외계인인 종족과의 첫 접촉 팀의 일원이었다가 신체적, 정서적으로 심각한 피해를 입고 돌아온 한 남자의 감정적인 롤러코스터 스토리가 전개된다. 러셀은 불안하고 생각을 자극하는 흥미로운 이야기를 잘 만들어 냈다. 하지만 우주선과 그 만남을 가능하게 한 기술에 대한 사실적인 묘사를 기대했다면 실망할 것이다. 《더 스패로》는 하드웨어가 아니라 사람에 관한 영화다. 1974년 래리 니븐과 제리 퍼넬이 공동 작업한 《신의 눈에 비친 모티The Mote in God's Eye》는 처음에는 평화로워 보이지만 외계인 '모티들'이 실제로는 정복 임무를 수행하고 있다는 사실이 밝혀지면서 적대적인 관계로 변하는 과정을 훨씬 더 믿을 만한 첫 접촉으로 묘사한다. 문학작품에서 나타나는 인간과 외계인의 적대적인 만남은 보통 두 가지 이유 때문이다. 첫 번째는 우리 인류의 역사에서 서로 다른 인간 문화 간의 첫 접촉은 갈등으로 끝나는 경우가 많았기 때문이다. 두 번째는 갈등이 있는 이야기가 흥미롭게 읽히는 경향이 있기 때문이다.

우주에 거주할 수 있거나 거주할 수 있는 것에 가까운 세계가 있다면 지구 밖 생명체도 존재할 수 있다.* 믿기 어렵겠지만, 우리는 아직 어떤 외계 생명체도 마주치지 못했지만, 외계 생명체를 연구하는 완전한 학문 분야가 지금 존재한다. 바로 우주생물학이다. 연구할 표본이 부족하다고 해서 우주생물학자가 할 일이 없을 거라고 생각하지 말라! 전혀 그렇지 않다. 이들은 현재 수많은 우주 탐사, 특히 화성 탐사 계획과 전반적인 외계행성 관련 분야에 관여하고 있다. 외계 생명체를 이해하고 어떤 외계행성을 추가로 연구할 가치가 있는지 파악하는 데 도움이 되는 핵심은 생명체가 발달하고 번성할 수 있는 환경을 이해하는 것이다.

지구 너머 생명체에 대한 논의는 필연적으로 '저 밖에' 다른 지적 존재가 있고 우리가 그들을 만날 수 있을지에 대한 질문으로 이어진다. 우리은하에는 4,000억 개가 넘는 별과 적어도 그만큼의 행성이 존재하며, 매주 별의 거주 가능 영역에서 다른 행성이 발견되는 것처럼 보이고 우주의 나이가 약 130억 년이 넘는다는 사실을 고려하면 우리은하에는 다른 존재의 집이 있을 가능성이 희박해 보인다. 그리고 우리은하는 알려진 우주를 구성하는 수천억 개의 은하 중 하나에 불과하므로 다른 누군가가 저 밖에서 별을 바라보

---

* 생명체가 없는 거주 가능한 세계는 상상하기 어렵다. 지구의 서식 가능성은 대부분 지난 수십억 년 동안 지구에 생명체가 살면서 누적된 영향에 기인한다. 물론 미래의 탐험가들이 바다와 마른 땅이 있고 생명체가 전혀 없는 행성을 발견할 가능성은 있지만, 지구의 생명체가 살기에는 적합하지 않을 게 거의 확실하다.

며 자신도 혼자일지 궁금해하고 있을 가능성이 훨씬 더 크다는 사실을 잊지 말라. 그러나 최선의 노력에도 불구하고, 지능이 있든 없든 생명체가 지구 너머 어딘가에 존재하는 징후는 아직 발견되지 않았다. 외계 지적 생명체를 찾는다는 명목하에(SETI) 수많은 전파 망원경이 반세기가 훨씬 넘도록 외계 전파를 찾기 위해 하늘을 탐색해 왔지만 아직 확실한 결과를 얻지 못했다.[13] SETI 연구소의 명예 연구의장인 질 타터 박사는 (아직) 찾는 방법을 바꾸지는 않았지만, 이제는 연구자들이 SETI를 지적인 존재가 아니라 지능이 존재할 때 동반될 수 있는 기술적 신호를 찾는 방법으로 생각해야 한다고 주장한다. 결국 기술을 개발하지 않은 외계 지적 생명체가 존재할 수 있으며, 우리는 그들을 결코 발견하지 못할 가능성이 높다.

왜 우리는 아무것도 감지하지 못했을까? 인류는 불과 수백 년 동안 기술 문명을 발전시켜 왔을 뿐이며, 원한다면 수십에서 수백 광년 정도 떨어진 곳에서 감지 가능한 우리의 존재를 알리는 전파 신호 장치를 설치할 수 있다. 과학과 기술의 발전 속도를 고려할 때, 그리고 지금과 같거나 비슷한 속도로 계속 발전한다고 가정할 때, 우리는 향후 200년 이내에 태양계를 탐사하고 정착할 수 있을 것이며, 그 후 곧 별을 향해 첫발을 내딛을 수 있을 것이다. 이 책에서 설명하는 우주선과 기술을 만드는 일이 예상보다 어렵다고 보수적으로 가정하고, 서기 3000년이 되어서야 처음으로 유인 우주선을 항성 간 항해를 위해 발사한다고 가정해 보자. 계속 보수적으로 가정하여 각 우주선이 목적지에 도착하는 데 약 500년이 걸린다고 하자. 그렇다면, 앞으로 약 8,000년 후인 10000년이 되면 우리는 인근의 많은 항성계에 정착하게 될 것이다. 인간의 관점에서 보면 긴 시간이지만 천문학적인 관점에서 보면 그리 길지 않은 시간이다.

우주의 나이는 130억 년이 넘었다. 우리의 별과 지구는 40억 년이 넘었다. 10억 년은 100만 년이 1,000번 이어진 시간이다. 현대 달력이 계산하기 시작한 시점부터 인류가 가까운 별까지 장기적으로 확장하는 데 1만 년이 걸린다면 은하계 역사에서는 눈 깜짝할 사이에 일어난 일이다. 만약 별들 사이에 지적이면서 도구를 사용하며 호기심이 많은 생명체가 존재하고 그들의 기술 발전 속도가 우리와 비슷하다면, 우리는 그들의 신호를 들었을 뿐만 아니라 은하계 거의 모든 별이나 주변에서 그들을 보았어야 한다. 하지만 그렇지 않다.

논리적으로 보이는 이 모순을 페르미 역설이라고 하는데, 세계 최초의 원자로를 발명하는 등 물리학에 많은 공헌을 한 이탈리아의 유명한 물리학자 엔리코 페르미의 이름을 딴 것이다. 외롭고 고요한 우주를 바라볼 때의 놀라운 침묵을 설명하기 위한 여러 이론이 담긴 페르미 역설에 대한 책도 있다. 페르미 역설은 과학계의 위대한 미답의 질문 중 하나로 남겨둘 것이다. 그리고 이는 미래의 성간 탐험가들에게 깊은 시사점을 주는 것이기도 하다.

이쯤 되면 "그럼 비행접시들은요?"라고 묻는 독자가 있을지도 모른다. 과학자들은 아주 회의적이다. 과학이 제대로 수행되면, (물론 항상 그런 것은 아니지만) 그 기원/행동/목적에 대한 이론이 제시되기 전에 상상 가능한 모든 방법으로 의문을 제기하고, 조사하고, 해부할 수 있는 증거가 제시된다. 하늘의 신비한 불빛이나 이상하게 움직이는 비행물체가 필름 또는 레이더에 포착되었다고 해서 외계인이 우리를 찾아오고 있다는 의미는 아니다. 다른 세계에서 온 외계인이 아니더라도 여러 가지 설명이 가능하다. 페르미 역설을 잠시 제쳐두고, 비행접시에 대해 논의할 때 확률 관계에 대한 간단한 사고실험을 살펴보는 것이 도움이 될 수 있다. 다시 말해, 확률은 얼마나 될까?

지구 생명체의 기원에 대한 일반적인 이해가 옳고, 약 6,500만 년 전 공룡을 멸종시킨 소행성과 같은 수많은 대량 멸종과 사고를 겪으며 적자생존의 줄다리기를 통해 수십 억 년에 걸쳐 진화한 끝에 지적이고 지각이 있으며 도구를 사용할 줄 아는 인간이라는 종이 탄생했다고 가정해 보자. 이는 약 35억 년에서 40억 년이 걸린 일이며, 그중 인간은 약 10만 년 동안만 존재했다. 우주에서 자신의 위치를 이해하고 천문학을 수행하며 도구를 사용해 지구를 여행할 수 있는 기계를 만드는 문명을 갖게 된 지는 불과 500년이 조금 넘었을 뿐이다. 그리고 우주 비행이 가능해진 것은 4,000,000,000년 중 100년도 채 되지 않았다. 이제 우리은하를 구성하는 수천억 개의 별 중 어딘가에 있는 다른 별을 둘러싸고 있는 행성에서 인간이 아닌 다른 종족이 우리와 유사하게 진화했고, 별들 사이의 먼 거리를 건너 여기까지 도달할 방법을 찾았다고 가정해 보자. 이 책의 거의 마지막에 이르렀으므로 독자들은 이 도전이 얼마나 어려운지 잘 알고 있을 것이다. 우리가 인식할 수 있는 기술(대부분의 비행접시 목격담은 머지않은 미래에 우리가 만들 수 있으리라 여겨지는 우주선과 관련되어 있다)을 사용하는 외계 생명체가 우리가 우주 비행을 고려하기 시작한 바로 그 100년 안에 지구에 도착했을 가능성은 얼마나 될까? 지구가 발전한 4,000,000,000년 중 100년 안에? 공룡은 65,000,000년 이상 지구를 지배한 것으로 추정된다. 비행접시를 탄 외계인이 존재한다면 공룡 시대에 지구를 방문했을 가능성이 훨씬 더 높지 않을까? 기껏해야 우리보다 1,000년 정도 더 발전된 기술을 가진 외계인이 지금 지구에 있을 가능성은 매우 적다. 실질적으로는 0에 가까울 정도로 작다.

누군가 비행접시가 다른 세계에서 온 외계인이라는 확실한 증거를 제시하기 전까지는 이러한 목격 사례를 외계인이 지구를 방문했다는 증거가 아닌 흥미로운 일로 치부하는 것이 가장 좋다. 외계 생명체가 지구를 방문할 가능성에 대한 자세한 논의는 나의 온라인 에세이 〈외계인은 우리 가운데 있지 않다〉[14]를 참고하라.

SF: 유용하고 핵심적인 추측

SF는 우주 탐사의 진전과 성간 여행에 도달할 수 있는 기간에 대한 비현실적인 기대를 불러일으킬 수는 있어도, 현재의 우주 탐사 능력에 도달하는 데 매우 유용하고 필수적이라고 감히 말할 수 있다. 작가 쥘 베른은 《지구에서 달까지 De la terre à la lune》(1865)에서 플로리다에서 발사된 탄도 발사체(총으로 발사)를 타고 달 여행을 떠난 세 명의 승무원이 낙하산을 사용하여 속도를 늦춘 후 바다에 안전하게 착륙하는 장면을 묘사했다. 익숙하게 들리는가? 아폴로

11호는 플로리다에서 발사된 로켓에 실려 세 명의 승무원을 태우고 달에 갔고, 그들은 낙하산을 사용해 속도를 줄인 후 바다에 착륙한 캡슐을 타고 지구로 귀환했다. 아폴로 이전에 쓰인 여러 SF 소설이 실제 우주여행이 어떤 것인지 정확하게 묘사하긴 했지만, 아마도 대부분의 소설은 완전히 빗나갔을 것이다. 하지만 괜찮다. 잘 쓴 SF라고 해서 100% 정확할 필요는 없다. 무엇보다도 SF는 흥미롭고, 생각을 자극하며, 재미있어야 한다. 아폴로 이후 우주 탐험의 다음 단계인 인류의 화성 탐험을 묘사한 훌륭하고 기술적으로 탄탄한 SF 소설이 많이 나왔다. 대표작으로는 《화성Mars》(벤 보버), 《붉은 화성Red Mars》(킴 스탠리 로빈슨), 《마션The Martian》(앤디 위어) 등이 있다.* 사실적인 성간 탐험을 묘사하고자 한 여러 소설, 영화, TV 시리즈는 이미 언급한 바 있다.

SF는 재미 외에도 다른 두 가지 중요한 방식으로 우주 탐험의 미래에 기여해 왔다. 다가올 미래와 관련한 문화를 준비하고 차세대 과학자와 공학자에게 영감을 주는 것이다. 20세기 초의 SF가 제2차 세계대전 당시 전 세계에 V-2 로켓의 공포를 선사한 독일의 로켓 과학자 베르너 폰 브라운과 같은 선구자들에게 영감을 준 덕분에, 우주비행사를 달에 데려다준 놀랍고 영감 가득한 새턴 V를 탄생시킨 것은 의심할 여지가 없다. 현재 우주 탐사에 종사하는 시니어 과학자와 공학자 세대는 초기 우주 프로그램의 성공과 함께 SF가 그들

---

* 뻔뻔한 자기 홍보: 고(故) 벤 보버와 공동 집필한 화성 탐사에 관한 나의 소설 《구조 모드 (Rescue Mode)》도 읽어보기 바란다.

에게 영감을 주었다는 사실을 부끄러워하지 않고 인정할 것이다. 나도 그중 하나다. 닐 암스트롱이 달 위를 걸었을 때 나는 7살, 로버트 하인라인과 아서 C. 클라크, 아이작 아시모프의 작품을 발견했을 때는 11살, 물리학을 공부해서 NASA에서 일하고 싶다고 결심했을 때는 13살 즈음이었다. 그리고 나만 그런 게 아니다.

2010년경, 워싱턴 DC에 있는 NASA의 경영진은 직원들이 과학과 공학 분야의 직업을 선택하고 NASA에서 일하게 된 동기에 대해 자세히 알아보고자 했다. 그들은 민간 컨설팅 회사에 의뢰하여 NASA의 혁신가들을 파악하고, 인터뷰하고, 성격 목록을 작성하고, 무엇이 그들에게 창의력을 발휘하고 국가 우주 프로그램에 기여하도록 했는지 알아내도록 했다. 나는 영광스럽게도 몇 안 되는 후보자 중 한 명으로 선정되었다. 미국 전역의 수천 명에 달하는 인력 가운데 약 30명이 선발되었다. 인터뷰, 설문, 배경 조사를 마친 후 워싱턴에 있는 NASA 본사에서 이틀간 진행된 워크숍에 초대되어 결과를 검토하고, 다른 사람들에게 동기를 부여하고 영감을 주는 방법에 대해 논의했다. 이틀 동안 진행된 행사에서 컨설팅 팀은 그룹의 통계를 설명하는 프레젠테이션을 했다. 여기에는 연령, 인종, 교육 수준, 출신 지역 등 일반적인 분류가 포함되어 있었다. 흥미로운 부분은 우리가 과학을 공부하게 된 동기를 설명하는 데 사용한 단어가 담긴 구름 차트를 보여주었을 때였다. (구름 차트는 가장 자주 사용되는 자료로 이 경우 단어를 표시하며, 글자 크기는 특정 단어의 사용 빈도에 비례한다. 단어가 많이 사용될수록 글자 크기가 커진다.) 예상대로 '발견', '탐사', '과학', '아폴로' 같은 단어들이 차트에 표시되어 있었다. 하지만 가운데에는 그 페이지의 약 30%를 차지하는 커다란 빈 공간이 있었다. 발표자는 거의 모든 사람이 과학과 공학을 공부하고 NASA에서 일하기로 결정한 동기로 언급한 두 단어가 있다고 말하며 긴장감을 조성했다. 다른 어떤 단어보다 훨씬 많이 언급된 두 단어. 그 두 단어는 무엇이었을까?

'스타 트렉'이었다.

참석자들의 연령대는 수십 년에 걸쳐 다양했으며, 발표자는 〈스타 트렉〉의 영감이 다양한 생애에서 세대의 구분을 넘어섰다고 알려주었다. 나이가 많은 사람들에게는 커크 선장과 스팍이 등장하는 고전 〈스타 트렉〉이었다. 조금 더 젊은 사람들한테는 피카드 선장과 카운슬러 트로이가 등장하는 〈스타 트렉: 넥스트 제너레이션〉이었고, 나머지에게는 〈스타 트렉: 보이저호〉의 제인웨이 선장이나 〈스타 트렉: 딥 스페이스 나인〉의 시스코 선장이었다. 우리는 〈스타 트렉〉 세계관이라는 긍정적인 기술 기반 미래를 바탕으로 교육 경로와 직업을 선택하도록 동기를 부여받은 세대였다.

언젠가 우리를 별로 데려다줄 기술을 개발할 때, 〈스타 트렉〉의 제작자 진 로덴베리나 드라마 대본을 쓴 재능 있는 작가들 같은, 과학자나 공학자가 아닌 다양한 분야의 사람들로 구성된 영감과 동기를 가진 팀이 필요하다는 사실을 기억하는 것이 중요하다. 별에 가는 일은 사람들이 그것을 실현하려는 비전을 갖지 않는 한 일어나지 않을 것이며, SF는 이 책에서 설명한 그 모든 시스템과 기술의 개발을 현실화하는 데 중요한 역할을 할 수 있다.

별과 별 사이의 광활한 공간을 건너려면 지금과는 차원이 다른 기술이 필요하지만, 그렇다고 계획을 시작하기에는 너무 이르다는 의미는 아니다. 지구를 넘어 태양계로 우리의 존재를 확장하면서 이런 대담한 여행을 가능하게 하는 최초의 우주선들의 시초가 되는 기술들이 오늘날에도 개발되고 있다. 스페이스엑스, 블루오리진, 버진갤럭틱Virgin Galactic과 같은 상업용 우주선이 등장하면서 우주에 대한 접근이 더욱 쉬워지고 있으며, 잠재적으로 필요한 우주 인프라를 구축할 수 있게 될 것이다. 핵 로켓을 만드는 데 필요한 기술은 지금도 이용 가능하며, 화성과 그 너머로 최초의 유인 우주 여행을 준비하면서 곧 우주에서 시연될 수 있을 것이다. 태양 돛은 우주에서 성공적으로 비행했으며 더 크고 성능이 뛰어난 돛이 곧 비행할 예정이다. 돛을 더 빠른 속도로 가속하는 데 필요한 레이저가 시험되고 소형화되어 우주에서 사용할 수 있는 토대가 마련되고 있다. 핵융합 동력 연구는 실용적인 지상 동력원이 될 수 있는 돌파구에 근접한 것으로 보이며, 우주에서 사용할 수 있도록 소형화하는 것이 다음 단계가 될 것이다. 퍼즐의 기술적 조각이 완성되고 있다.

우리은하 이웃의 무수한 외계행성에 대해 더 많이 알게 되면서 많은 사람들이 "우리가 그곳에 갈 수 있나요?"라고 묻는다. 대답은 "그렇습니다. 하지만…"이다. 우리 혹은 우리가 만든 기계가 여행을 떠나기 전에 우리는 태양과 원자의 에너지를 활용하는 진정한 행성간 문명의 선량한 관리자가 되어야 한다. 별 사이의 여행은 분명히 가능하며, 이를 실현하는 것은 매우 어렵겠지만, 할 수는 있다!

몇 년 전이었는지는 모르겠지만, 나의 경력 초기에 NASA의 성간 추진 기술 프로젝트를 이끌 기회가 주어졌을 때(그 덕분에 최고의 명함을 가질 수 있었다!) 가장 먼저 한 일은 당시 동료였던 로버트 포워드 박사에게 조언을 구하는 것이었다. 밥 포워드는 정확히 자신의 이름처럼 내가 함께 일했던 과학자 가운데 가장 창의적인 과학자 중 한 명이었다. 그는 성간 여행이 어떻게 가능한지를 설명하는 초창기의 획기적인 기술 논문을 다수 발표했다. 당시 나는 밥과 함께 다른 기술(우주 전선 추진)을 연구하고 있었는데, 그는 내가 새로운 연구 프로젝트를 시작할 때 기꺼이 멘토가 되어주었다. 다음 미국 정부 회계 연도 초에 프로젝트 자금이 도착하기를 기다리는 동안 나는 작업할 자금이 전혀 없었고, 기술 작업을 진행하기 위한 계약을 체결할 수도 없었다. 하지만 대학 교수가 나와 함께 여름 동안 NASA에서 자문으로 일하도록 독립적으로 자금을 지원하는 프로그램을 이용할 수 있었다. 밥은 내가 한 번도 만난 적이 없는 뉴욕 시립기술대학City Tech의 그레고리 매틀로프 박사와 함께 일하라고 추천해 주었다.

밥의 소개로 매틀로프 박사(그렉)는 여름 교수 연구 기회를 신청했고, 몇 달 후 아내인 C 뱅스와 함께 NASA 마셜우주비행센터에 도착해 일을 시작했다. 그렉은 유진 말러브와 함께 성간 비행 분야의 중요한 책인 《성간 비행 핸드북: 성간 여행 개척자 가이드The Starflight Handbook: A Pioneer's Guide to Interstellar Travel》를 썼다. 이 책은 다른 별로의 여행과 관련된 모든 것에 대한 기술적 출발점 역할을 했다. 성간 추진 기술 프로젝트는 약 2년 동안만 진행되었고, 나는 공식적으로 다른 일로 옮겨갔다. 그렉과 C는 뉴욕으로 돌아갔고 우리와 NASA의 공식적인 협업은 종료되었다.

그 중요한 여름을 계기로 수십 년에 걸친 우정이 시작되었다. 그렉과 C와 나는 여러 기술 논문과 책을 협업했고, 그중 일부는 세계적으로 유명한 아티스트인 C가 아름다운 삽화를 그렸다. 비록 거의 전적으로 일상 업무 밖에서만(그러니까 저녁과 주말) 참여하고 있긴 해도, 내가 작지만 열정적인 성간 여행 커뮤니티에 참여해 오늘날까지 나의 기술 작업에 동기를 부여하게 된 것은 그렉과 C 덕분이었다. 그렉과 C는 동료일 뿐만 아니라 진정한 친구다. 그렉의 멘토링은 내 인생에 큰 축복이었으며 지금도 계속되고 있다.

커뮤니티는 밥 포워드를 너무 일찍 잃었다. 그는 나에게 그렉과 C를 소개해 준 직후, 이 분야에서 앞으로 몇 세기 동안 기술 논문에 인용될 기여를 한 후 2002년에 세상을 떠났다.

누구나 이런 멘토를 가질 수 있는 것은 아니다. 나는 감사하게도 운이 좋았다.

이 책의 내용을 제대로 파악하고 중요한 내용을 빠뜨리지 않았는지 검토하는 데 도움을 주신 많은 분들께 감사의 말씀을 드린다.

짐 빌(은퇴한 핵 공학자)

대런 보이드(NASA 우주 통신 전문가)

빌 쿡(NASA 유성 환경 사무소 책임자)

에릭 데이비스(에어로스페이스 코퍼레이션)

로버트 E. 햄슨(웨이크 포레스트 의과 대학 교수)

앤드류 히긴스(맥길 대학교 교수)

빌 킬(앨라배마 대학교 교수)

론 리치퍼드(NASA MSFC 우주 추진 시스템 수석 기술자)

켄 로이(은퇴한 전문 공학자)

존 스콧(NASA JSC 우주 전력 및 추진 수석 기술자)

캐시 스미스(케임브리지 테크놀로지스)

네이선 스트레인지(NASA JPL)

안젤레 태너(미시시피 주립대학교 교수)

슬라바 투리셰프(NASA JPL 선임 연구 과학자)

소니 화이트(무한 우주 연구소 고등 연구 개발 책임자)

성간 연구 그룹(구 테네시 밸리 성간 워크숍)의 친구들과 동료들에게도 고마움을 표하지 않을 수 없다. 그들은 미국 남동부 지역에서 성간 기술 컨퍼런스를 개최한다는 기발한 아이디어를 가지고 이를 정기적으로 개최하여 세계적으로 알려져서 많은 사람이 참석하는 기술 컨퍼런스로 발전시켰으며, 대학생들에게 장학금을 제공하고 획기적인 연구를 발표하며 꿈을 이어가는 단체로 성장시켰다. 세상에는 이런 꿈꾸는 사람들이 더 많이 필요하다.

오랫동안 멘토링, 영감, 동료애, 지적 상대, 우정, 지원을 제공해준 선구적인 과학자, 공학자, 미래학자, SF 작가 들에게도 감사의 말씀을 드린다. 이들이 아니었다면 나의 삶과 경력이 흥미롭고 도전적이며 재미있는 방향이 아닌 매우 다른 방향으로 흘러갔을지도 모른다. 바로 이런 사람들이다.

NASA 동료들: 조 보노메티, 카르민 드상티, 로버트 프리스비, 그렉 가브, 댄 골딘, 앤디 히턴, 스테퍼니 레이터, 샌디 몽고메리, 래앤 메이어, 크리스 러프, 커크 소렌센, NASA 우주 추진 기술 프로젝트에 기여한 모든 분들; 스티브 쿡, 레슬리 커티스, 개리 라일스, NASA 첨단 우주 운송 팀; 브라이언 길크리스트, 조 캐럴, 롭 호이트, NASA 우주 전선 추진 팀, NASA 근지구 소행성 스카우트와 솔라 크루저 프로젝트 팀, 그리고 그 외 많은 분들(그 밖에도 너무 많아서 실수로 누락한 분들께 사과드린다)

성간 연구 커뮤니티: 짐 벤포드, 잔카를로 젠타, 폴 길스터, 해럴드 제리시, 메이 제미슨, 필립 루빈, 클라우디오 마코네, 론다 스티

븐슨, 조반니 불페티, 피트 워든

내 인생에 영향을 준 SF 작가들: 스티븐 백스터, 벤 보버, 아서 C. 클라크, 짐 호건, 잭 맥데빗, 래리 니븐, 제리 퍼넬, 데이비드 웨버, 토니 웨이스코프, 그리고 Baen Books의 모든 훌륭한 작가들과 편집자들

나의 이해심 깊은 가족: 항상 지지해 주는 사랑스러운 배우자 캐럴, 세심하고 용기를 주는 아이들 칼과 레슬리, 그리고 나의 열정을 응원해 주신 부모님 찰스와 준 존슨

나의 에이전트인 로라 우드와 출판사에 보낼 원고를 다듬는 데 도움을 준 학생 인턴 기술 편집자 다니엘레 매글리에게도 감사드린다.

- **100년 우주선:** DARPA(미국 방위고등연구계획국)와 NASA(미국 항공우주국)가 민간 기관에 연구비를 제공하는 공동 프로그램. 주 연구비의 목표는 100년 이내에 우주여행에 필요한 연구와 기술을 육성하는 사업 계획을 수립하는 것이었다.

- **2차 입자 방사선:** 고에너지 입자가 고밀도 물질과 상호작용한 결과로 생성되는 입자 흐름.

- **감마선:** 엑스선보다 높은 에너지의 광자.

- **구경:** 망원경의 대물렌즈 또는 거울의 지름.

- **글루온:** 쿼크를 서로 결합하여 하드론(강한 상호작용을 하는 소립자를 통틀어 이르는 말 ─옮긴이)을 만드는 가상의 중성 질량 없는 입자.

- **끈 이론:** 물리학에서 모든 기본 입자는 1차원 끈의 진동이 발현된 것이라는 이론.

- **레이더:** 물체를 감지하고 위치를 파악하는 데 특히 사용되는 장치 또는 시스템. 일반적으로 전파를 방출한 후 반사된 것을 처리하여 표시하는 동기화된 전파 송신기와 수신기로 구성된다.

- **링크 마진:** 수신기의 끝에서 수신되는 최소 예상 전력과 수신기의 감도(수신기가 작동을 멈추는 수신 전력) 사이의 차이.

- **메타 물질:** 자연적으로 생성되는 물질에서 발견되지 않는 특성을 갖도록 설계된 물질.

- **모든 것의 이론:** 우주의 모든 물리적 측면을 완전히 설명하고 서로 연결하는, 가상의 단일하고 모든 것을 포괄하는 일관된 물리학의 이론적 틀.

- **무한 우주 연구소:** 태양계를 넘어 인류 탐사를 발전시키기 위해 2019년에 설립된 미국 등록 비영리 단체.

- **반물질:** 질량은 동일하지만 전기적 및 자기적 특성(양전하 또는 음전하)이 반대인 아원자입자. 상대 입자와 결합하면 쌍소멸하면서 에너지를 방출한다.

- **백서:** 상세하고 공식적인 보고서.

- **브레이크스루 이니셔티브:** 줄리아와 유리 밀너가 자금을 지원하여 2015년에 설립된 과학 기반 프로그램. 가장 가까운 별에 빛의 약 20% 속도로 탐사선 무리를 보내는 것을 목표로 하는 브레이크스루 스타샷을 비롯한 여러 프로젝트로 나뉘어 있다.

- **사건의 지평선:** 블랙홀의 경계로, 그 안쪽에서는 아무것도 빠져나갈 수 없다.

- **생물권:** 어떤 세계에서 생명체가 존재할 수 있는 부분.

- **선외 활동:** 우주선이 지구의 대기권 밖에 있을 때 우주비행사가 우주선 밖에서 수행하는 모든 활동.

- **신경 전정 시스템:** 신체 위치 및 움직임에 대한 지각과 관련되거나 이에 영향을 미치는 시스템.

- **알파입자:** 양성자 2개와 중성자 2개로 구성된 헬륨 원자의 핵과 동일한, 양전하를 띤 핵입자.

- **양자역학:** 파동 특성을 지닌 기본 입자 개념에 기초한 물질 이론으로, 이러한 특성을 바탕으로 물질의 구조와 상호작용을 수학적으로 해석할 수 있으며, 양자 이론과 불확정성원리를 통합하고 있다.

- **에어로스페이스 코퍼레이션**Aerospace Corporation: 캘리포니아주 엘세군도에서 연방정부가 자금을 지원하는 연구 개발 센터를 운영하는 미국의 비영리 법인. 군, 민간 및 상업 고객에게 우주 임무의 모든 측면에 대한 기술 지침과 조언을 제공한다.

- **에어로젤:** 젤 속의 액체를 기체로 대체하여 원래의 고체와 같은 크기로 만든 가볍고 다공성이 높은 고체.

- **엑스선:** 100옹스트롬(10나노미터—옮긴이) 미만의 극도로 짧은 파장을 가진 전자기 복사.

- **왜소행성:** 태양 주위를 공전하고, 구형이지만 다른 천체의 궤도를 방해할 만큼 크지 않은 천체.

- **우주 전선 추진:** 강한 자기장을 가진 행성 주변에서 우주선을 추진하는 방법. 긴 도체 전선을 통해 전류를 흐르게 한다. 전류를 구성하는 전자는 음전하를 띠기 때문에 행성의 자기장이 있는 상태에서 전선을 통과할 때 힘을 받는다. 전자는 전선에 갇혀있으므로 유도된 힘은 전선, 그리고 우주선처럼 전선에 부착된 모든 것을 밀어내는 역할을 한다.

- **우주생물학:** 지구 밖 생명체를 찾고 외계 환경이 생명체에 미치는 영향을 연구하는 생물학의 한 분야.

- **우주선**cosmic ray**:** 빛의 속도에 근접한 속도로 우주를 이동하는 원자핵의 흐름.

- **운동에너지:** 운동과 관련된 에너지.

- **유전체:** 유기체의 유전 물질.

- **일반상대성이론:** 1915년 앨버트 아인슈타인이 발표한 기하학적 중력이론으로, 현재 현대물리학에서 중력에 대한 설명으로 사용되고 있다.

- **입자 동물원:** 물리학에서 알려진 '기본 입자'의 목록이 광범위하다는 것을 설명하며 동물원의 다양한 종에 비유한 것.

- **저체온증:** 신체의 정상 이하 온도 상태.

- **전기분해:** 전해질에 전류를 통과시켜 화학적 변화를 일으키는 과정. 흔히 물로 수소와 산소를 만든다.

- **전기추진:** 이온화된 입자 흐름을 뒤쪽으로 방출하는 힘으로 물체를 추진하는 것.

- **전자총:** 전자 빔을 겨냥, 제어, 집중시키기 위한 전자 방출 장치.

- **중성미자:** 질량이 매우 작은 것으로 여겨지는 대전되지 않은 기본 입자. 세 가지 형태 중 하나를 띠며 다른 입자와는 거의 상호작용하지 않는다.

- **중성자별:** 주로 밀집된 중성자로 구성된 밀도가 높은 천체.

- **지구 저궤도:** 일반적으로 지구 상공 약 140~970km의 원형 궤도.

- **진공 에너지밀도:** 우주 전체에 걸쳐 공간에 존재하는 배경 에너지.

- **초전도체:** 전기 저항을 나타내지 않는 물질.

- **태양 돛:** 태양빛을 반사하여 추진력을 얻도록 설계된 평평한 소재(알루미늄 처리된 플라스틱과 같은)로 구성된 우주선용 추진 장치.

- **태양권계면:** 태양 또는 태양풍의 영향을 받는 우주 공간의 영역.

- **태양빛 배열**solar array**:** 태양빛을 흡수하여 전기로 변환하는 태양 전지판을 포함한 여러 구성 요소의 배열.

- **플랑크 길이:** 물리학자 막스 플랑크가 처음 제안한 플랑크 단위계의 길이 단위로, $1.616255(18) \times 10^{-35}$m에 해당한다.

- **핵분열:** 원자핵이 쪼개지면서 대량의 에너지가 방출되는 현상.

- **핵융합:** 원자핵이 결합하여 더 무거운 핵을 형성하는 것으로, 특정 가벼운 원소가 결합할 때 엄청난 양의 에너지가 방출된다.

- **회절:** 빛이 특히 불투명한 물체의 가장자리나 좁은 구멍을 통과할 때 광선이 굴절된 것처럼 보이게 하는 변형.

- **휘발성 물질:** 비교적 낮은 온도에서 쉽게 기화하는 물질.

제1장 우리를 기다리는 우주

1. A. Wolszczan and D. Frail, "A Planetary System around the Millisecond Pulsar PSR1257+12," *Nature* 355(1992): 145 – 47, https://doi.org/10.1038/355145a0.

2. "Exoplanet Exploration: Planets beyond Our Solar System," NASA website, December 17, 2015, https://exoplanets.nasa.gov/; L. Kaltenegger, J. Pepper, P. M. Christodoulou, etal., "Around Which Stars Can TESS Detect Earth-like Planets? The Revised TESS Habitable Zone Catalog," *The Astronomical Journal* 161, no.5(2021): 233, https://iopscience.iop.org/article/10.3847/1538-3881/abe5a9.

3. Habitable Exoplanets Catalog, Planetary Habitability Laboratory at UPRArecibo, http://phl.upr.edu/projects/habitable-exoplanets-catalog, accessed October 9, 2020; Steve Bryson, Michelle Kunimoto, Ravi Kopparapu, et al., "The Occurrence of Rocky Habitable-Zone Planets around Solar-like Stars from Kepler Data," The Astronomical Journal 161, no.1(2020): 36, https://doi.org/10.3847/1538-3881/abc.

4. E. A. Petigura, A. W. Howard, and G. W. Marcy, "Prevalence of Earth-

size Planets Orbiting Sun-like Stars," *Proceedings of the National Academy of Sciences* 110, no.48(2013): 19273–78, https://doi.org/10.1073/pnas.1319909110.

5. Stephen James O'Meara, *Deep-Sky Companions: The Messier Objects* (Cambridge University Press, 2014).

6. Steven J. Dick, "Discovering a New Realm of the Universe: Hubble, Galaxies, and Classification," *Space, Time, and Aliens*, 2020, 611–25, https://doi.org/10.1007/978-3-030-41614-0_36.

7. Rod Pyle, "Farthest Galaxy Detected," California Institute of Technology, September 3, 2015, https://www.caltech.edu/about/news/farthest-galaxy-detected-47761.

8. J. A. M. MacDonnell, *Cosmic Dust* (Chichester: Wiley, 1978).

9. NASASP-4008, *Astronautics and Aeronautics* (1967): 270–71.

10. J. T. Gosling, J. R. Asbridge, S. J. Bame, and W. C. Feldman, "Solar Wind Speed Variations: 1962–1974," *Journal of Geophysical Research* 81, no.28(1976): 5061–70.

11. "Did You Know...," NASA website, June 7, 2013, https://www.nasa.gov/mission_pages/ibex/IBEXDidYouKnow.html.

12. M. Opher, F. Alouani Bibi, G. Toth, et al., "A Strong, Highly-Tilted Interstellar Magnetic Field near the Solar System," *Nature* 462, no.7276(2009): 1036–38, https://doi.org/10.1038/nature08567.

제2장 성간 여행의 선구자들

1. Elizabeth Howell, "To All the Rockets We Lost in 2020 and What We Learned from Them," *Space* (December 29, 2020), https://www.space.com/rocket-launch-failures-of-2020.

2. Walter Dornberger, *Peenemünde (Dokumentation)* (Berlin: Moewig, 1984).

3. Robin Biesbroek and Guy Janin, "Ways to the Moon," *ESA Bulletin*

103(2000): 92–99.

4. Ashton Graybiel, Joseph H. McNinch, and Robert H. Holmes, "Observations on Small Primates in Space Flight," *Xth International Astronautical Congress London 1959–1960*, 394–401, https://doi.org/10.1007/978-3-662-39914-9_35.

5. David R. Williams, "Explorer 9." NASA Space Science Data Coordinated Archive, https://nssdc.gsfc.nasa.gov/nmc/spacecraft/display.action?id=1959-004A (accessed December 4, 2020).

6. Yuri Gagarin, *Road to the Stars* (University Press of the Pacific, 2002).

7. "The Pioneer Missions," NASA website, March 3, 2015, https://www.nasa.gov/centers/ames/missions/archive/pioneer.html.

8. Jonathan Scott, *The Vinyl Frontier: The Story of NASA's Interstellar Mixtape* (Bloomsbury Publishing, 2019).

9. Aymeric Spiga, Sebastien Lebonnois, Thierry Fouchet, et al., "Global Climate Modeling of Saturn's Troposphere and Stratosphere, with Applications to Jupiter," July 2018. 42nd COSPAR Scientific Assembly. Held July 14–22, 2018, in Pasadena, California, USA, Abstract id. B5.2-33-18; 2018cosp...42E3216S.

10. B. Johnson, T. Bowling, A. J. Trowbridge, and A. M. Freed, "Formation of the Sputnik Planum Basin and the Thickness of Pluto's Subsurface Ocean," *Geophysical Research Letters* 43, no.19 (2016): 10,068–77.

11. "Voyager," NASA/JetPropulsionLaboratory, California Institute of Technology, https://voyager.jpl.nasa.gov/ (accessed March 20, 2020).

12. "Interstellar Probe: Humanity's Journey to Interstellar Space," NASA/Johns Hopkins Applied Physics Laboratory, http://interstellarprobe.jhuapl.edu/ (accessed October 17, 2020).

13. Ralph L. McNutt, Robert F. Wimmer-Schweingruber, Mike Gruntman, et al., "Near-Term Interstellar Probe: First Step," *Acta Astronautica* 162 (2019): 284–99, https://doi.org/10.1016/j.actaastro.2019.06.013.

14. Lyman Spitzer, "The Beginnings and Future of Space Astronomy," *American Scientist* 50, no.3(1962): 473 - 84.

15. Slava G. Turyshev, Michael Shao, Viktor T. Toth, et al., "Direct Multipixel Imaging and Spectroscopy of an Exoplanet with a Solar Gravity Lens Mission," Cornell University(2020). https://arxiv.org/abs/2002.11871.

16. John A. Hamley, Thomas J. Sutlif, Carl E. Sandifer, and June F. Zakrajsek, "NASA RPS Program Overview: A Focus on RPS Users"(2016), https://ntrs.nasa.gov/citations/20160009220.

17. Patrick R. McClure, David I. Poston, Marc A. Gibson, et al., "Kilopower Project: The KRUSTY Fission Power Experiment and Potential Missions," *Nuclear Technology* 206, supp.1(2020): 1 - 12.

18. National Research Council, Division on Engineering and Physical Sciences, Space Studies Board, et al., "Solar and Space Physics: A Science for a Technological Society," A Science for a Technological Society|The National Academies Press(August 15, 201), https://doi.org/10.17226/13060.

제3장 성간 여행을 맥락에 맞추기

1. Wells, H. G., *The Discovery of the Future*. London: T. Fisher Unwin, 1902.

2. Nicolas Kemper, "Buildinga Cathedral," *The Prepared*(April 28, 2019), https://theprepared.org/features/2019/4/28/building-a-cathedral.

3. The Dorothy Jemison Foundation website, https://jemisonfoundation.org/100-yss/(accessed September 23, 2021).

4. Michael J. Benton, *When Life Nearly Died: The Greatest Mass Extinction of All Time*(Thames & Hudson, 2003).

제4장 로봇을 보낼까, 사람을 보낼까, 아니면 둘 다?

1. Phillip Dick, "The Android and the Human," speech delivered at the Vancouver Science Fiction Convention, University of British Columbia, December 1972.

2. Malcolm Gladwell, *Blink: The Power of Thinking without Thinking* (Back Bay Books, 2007).

3. Andreas M. Hein, Cameron Smith, Frédéric Marin, and Kai Staats, "World Ships: Feasibility and Rationale," *Acta Futura* 12(April 2020): 75 – 104, https://arxiv.org/abs/2005.04100.

4. Mike Massa, *Securing the Stars: The Security Implications of Human Culture during Interstellar Flight*, ed. Les Johnson and Robert E. Hampson (Baen Books, 2019).

제5장 로켓으로 목적지에 도착하기

1. Chris Hadfield, *An Astronaut's Guide to Life on Earth* (Pan MacMillan, 2013).

2. "The Space Shuttle and Its Operations," NASA, https://www.nasa.gov/centers/johnson/pdf/584722main_Wings-ch3a-pgs53-73.pdf (accessed December 30, 2021).

3. Les Johnson and Joseph E. Meany, *Graphene: The Superstrong, Superthin, and Superversatile Material That Will Revolutionize the World* (Prometheus Books, 2018).

4. A. Boxberger, A. Behnke, and G. Herdrich, "Current Advances in Optimization of Operative Regimes of Steady State Applied Field MPD Thrusters," In *Proceedings of the 36th International Electric Propulsion Conference, Vienna, Austria*, pp.15 – 20(2019).

5. "Whatever Happened to Photon Rockets?" *Astronotes* (December 5, 2013). https://armaghplanet.com/whatever-happened-to-photon-rockets.html.

＊

6. "Advantages of Fusion," ITER, https://www.iter.org/sci/
Fusion#:~:text=Abundant%20energy%3A%20Fusing%20atoms%20
together,reactions%20(at%20equal%20mass)(accessed October 28,
2020).

7. Michael Martin Nieto, Michael H. Holzscheiter, and Slava G. Turyshev,
"Controlled Antihydrogen Propulsion for NASA's Future in Very Deep
Space"(2004), https://arxiv.org/abs/astro-ph/0410511.

8. Paul E. Bierly III and J-C Spender, "Culture and High Reliability
Organizations: The Case of the Nuclear Submarine," *Journal of
Management* 21, no.4(1995): 639-56.

9. Raul Colon, "Flying on Nuclear: The American Efort to Built a Nuclear
Powered Bomber,"(August 6, 2007), http://www.aviation-history.
com/articles/nuke-american.htm.

10. Lyle Benjamin Borst, "The Atomic Locomotive," *Life Magazine* 36,
no.25(June 21, 1954): 78-79.

11. Daniel Patrascu, "Nuclear Powered Cars of a Future That Never Was,"
Auto-evolution(August 26, 2018), https://www.autoevolution.com/
news/nuclear-powered-cars-of-a-future-that-never-was-128147.
html.

12. George Dyson, Project Orion: The Atomic Spaceship,
1957-1965(Allen Lane, 2002).

13. Robert Wickramatunga, "United Nations Office for Outer Space
Afairs," The Outer Space Treaty, https://www.unoosa.org/oosa/
en/ourwork/spacelaw/treaties/introouterspacetreaty.html(accessed
December 4, 2020).

제6장 빛으로 목적지에 도달하기

1. "A Brief History of Solar Sails," NASA website,July 31, 2008, https://
science.nasa.gov/science-news/science-at-nasa/2008/31jul_
solarsails#:~:text=Almost%20400%20years%20ago%2C%20

German,fashioned%22%20to%20glide%20through%20space.

2. Gregory L. Matlof, "Graphene, the Ultimate Interstellar Solar Sail Material," Journal of the British Interplanetary Society 65 (2012): 378 –81.

3. Les Johnson, Mark Whorton, et al., "NanoSail-D: A Solar Sail Demonstration Mission," *Acta Astronautica* 68 (2011): 571 –75.

4. Justin Mansell, David A. Spencer, Barbara Plante, et al., "Orbit and Attitude Performance of the Light Sail 2 Solar Sail Spacecraft," in *AIAA Scitech 2020 Forum* (2020): 2177.

5. Yuichi Tsuda, Osamu Mori, Ryu Funase, et al., "Achievement of IKAROS —Japanese Deep Space Solar Sail Demonstration Mission," *Acta Astronautica* 82, no.2 (2013): 183 –88.

6. Les Johnson, Julie Castillo-Rogez, and Tifany Lockett, "Near Earth Asteroid Scout: Exploring Asteroid 1991 VG Using A Smallsat," 70th International Astronautical Congress, Washington, DC, 2019.

7. Les Johnson, Frank M. Curran, Richard W. Dissly, and Andrew F. Heaton, "The Solar Cruiser Mission —Demonstrating Large Solar Sails for Deep Space Missions," 70th International Astronautical Congress, Washington, DC, 2019.

8. Mario Bertolotti, *The History of the Laser* (CRCPress, 2004).

9. Yasunobu Arikawa, Sadaoki Kojima, Alessio Morace, et al. "Ultrahigh-Contrast Kilojoule-class Petawatt LFEX Laser Using a Plasma Mirror," *Applied Optics* 55, no.25 (2016): 6850 –57.

10. Nancy Jones-Bonbrest, "Scaling Up: Army Advances 300kW-Class Laser Prototype," https://www.army.mil/article/233346/scaling_up_army_advances_300kw_class_laser_prototype (accessed December 4, 2020).

11. Edward E. Montgomery IV, "Power Beamed Photon Sails: New Capabilities Resulting from Recent Maturation of Key Solar Sail and High Power Laser Technologies," in *AIP Conference Proceedings* 1230,

no.1(2010): 3-9.

12. Neeraj Kulkarni, Philip Lubin, and Qicheng Zhang, "Relativistic Spacecraft Propelled by Directed Energy," *The Astronomical Journal* 155, no.4(2018): 155; Young K. Bae, "Prospective of Photon Propulsion for Interstellar Flight," *Physics Procedia* 38(2012): 253-79.

13. RobertL. Forward, "Roundtrip Interstellar Travel Using Laser-pushed Light-sails," *Journal of Spacecraft and Rockets* 21, no.2(1984):187-95.

14. Patricia Daukantas. "Breakthrough Starshot," *Optics and Photonics News* 28, no.5(2017): 26-33.

15. Kevin L. G. Parkin, "The Breakthrough Starshot System Model," *Acta Astronautica* 152(2018): 370-84.

16. Gregory Benford and James Benford, "An Aero-Spacecraft for the Far Upper Atmosphere Supported by Microwaves," *Acta Astronautica* 56, no.5(2005): 529-35.

17. "Breakthrough Initiatives," https://breakthroughinitiatives.org/ (accessed November 2, 2020).

18. Jordin T. Kare, and Kevin L. G. Parkin, "A Comparison of Laser and Microwave Approaches to CW Beamed Energy Launch," in *AIP Conference Proceedings* 830, no.1(2006): 388-99.

19. Robert L. Forward, "Starwisp—An Ultra-light Interstellar Probe," *Journal of Spacecraft and Rockets* 22, no.3(1985): 345-50.

20. Gregory Benford and James Benford, "Flight of Microwave-driven Sails: Experiments and Applications," in *AIP Conference Proceedings* 664, no.1(2003): 303-12.

21. Bruce M. Wiegmann, "The Heliopause Electrostatic Rapid Transit System(HERTS)-Design, Trades, and Analyses Performed in a Two Year NASA Investigation of Electric Sail Propulsion Systems," in *53rd AIAA/SAE/ASEE Joint Propulsion Conference*(2017): 4712.

22. Andre A. Gsponer, "Physics of High-intensity High-energy

Particle Beam Propagation in Open Air and Outer-space Plasmas"(September 2004), https://arxiv.org/abs/physics/0409157.

제7장 성간 우주선 설계하기

1. Jennifer Rosenberg, "Biography of Yuri Gagarin, First Man in Space," ThoughtCo(February 16, 2021), https://www.thoughtco.com/yuri-gagarin-first-man-in-space-1779362.

2. Claudio Maccone, "Galactic Internet Made Possible by Star Gravitational Lensing," *Acta Astronautica* 82, no.2(February 2013): 246–50, https://doi.org/10.1016/j.actaastro.2012.07.015.

3. "Human Needs: Sustaining Life During Exploration," NASA website, https://www.nasa.gov/vision/earth/everydaylife/jamestown-needs-fs.html (accessed November 20,2020).

4. Robert P. Ocampo, "Limitations of Spacecraft Redundancy: A Case Study Analysis," in *44th International Conference on Environmental Systems*, 2014.

5. Andreas M. Hein, Cameron Smith, Frédéric Marin, and Kai Staats, "World Ships: Feasibility and Rationale," *Acta Futura* 12(April 2020): 75–104, https://arxiv.org/abs/2005.04100.

6. J. Stocks and P. H. Quanjer, "Reference Values for Residual Volume, Functional Residual Capacity and Total Lung Capacity: ATS Workshop on Lung Volume Measurements; Official Statement of The European Respiratory Society," *European Respiratory Journal* 8, no.3(1995): 492–506; and "Lung Volumes and Vital Capacity—Cardio-Respiratory System—Eduqas—GCSE Physical Education Revision—Eduqas—BBC Bitesize," *BBC News*, https://www.bbc.co.uk/bitesize/guides/z3xq6fr/revision/2 (accessed November 20, 2020).

7. "Gallons Used per Person per Day," City of Philadelphia, https://www.phila.gov/water/educationoutreach/Documents/Homewateruse_IG5.pdf(accessed November 20, 2020).

8. "Water Use in Europe—Quantity and Quality FaceBig Challenges," European Environment Agency(August 30, 2018), https://www. eea.europa.eu/signals/signals-2018-content-list/articles/water-use-in-europe-2014#:~:text=On%20average%2C%20144%20litres%20of,supplied%20to%20households%20in%20Europe.

9. "Human Needs," https://www.nasa .gov/vision/earth/everydaylife/jamestown-needs-fs.html.

10. Petronia Carillo, Biagio Morrone, Giovanna Marta Fusco, et al., "Challenges for a Sustainable Food Production System on Board of the International Space Station: A Technical Review," *Agronomy* 10, no.5(2020): 687, https://doi.org/10.3390/agronomy10050687.

11. Mike Wall, "The Most Extreme Human Spaceflight Records," *Space*(April 23, 2019), https://www.space.com/11337-human-spaceflight-records-50th-anniversary.html.

12. Les Johnson and Robert Hampson, *Stellaris: People of the Stars*(Baen Books, 2019).

제8장 과학적 추측과 SF

1. Miguel Alcubierre, "The Warp Drive: Hyper-fast Travel within General Relativity," *Classical and Quantum Gravity* 11, no.5(n.d.), https://doi.org/10.1088/0264-9381/11/5/001; and Brandon Mattingly, Abinash Kar, Matthew Gorban, et al., "Curvature Invariants for the Alcubierre and Natário Warp Drives," *Universe* 7, no.2(2021): 21.

2. G. J. Maclay and E. W. Davis, "Testinga Quantum Inequality with a Meta-analysis of Data for Squeezed Light," *Foundations of Physics* 49, 797–815(2019), https://doi.org/10.1007/s10701-019-00286-8.

3. "Hyperdrive," StarWars.com. https://www.starwars.com/databank/hyperdrive#:~:text=Hyperdrives%20allow%20starships%20to%20travel,precisely%20calculated%20to%20avoid%20collisions(accessedNovember24,2020).

4. Matt Viser, "FOLLOW-UP: What Is the 'Zero-point Energy'(or 'Vacuum Energy') in Quantum Physics? Is It Really Possible that We Could Harness This Energy?" *Scientific American Online* (August 18, 1997), https://www.scientificamerican.com/article/follow-up-what-is-the-zer/(accessed November 25, 2020).

5. Lecia Bushak, "Induced Hypothermia: How Freezing People After Heart Attacks Could Save Lives," *Newsweek* (December 20, 2014), https://www.newsweek.com/2015/01/02/induced-hypothermia-how-freezing-people-after-heart-attacks-could-save-lives-293598.html.

6. Claudia Capos, "A New Drug Slows Agingin Mice. What About Us?" *Michigan Health Lab*, University of Michigan (January 17, 2020), https://labblog.uofmhealth.org/lab-report/a-new-drug-slows-aging-mice-what-about-us.

7. R. Wordsworth, L. Kerber, and C. Cockell, "Enabling Martian Habitability with Silica Aerogel via the Solid-state Greenhouse Efect," *Nature Astronomy* 3(2019): 898 – 903, https://doi.org/10.1038/s41550-019-0813-0.

8. B. Jakosky and C. Edwards, "Inventory of CO_2 Available for Terraforming Mars," *Nature Astronomy* 2(2018): 634 – 39.

9. Kenneth I. Roy, Robert G. Kennedy III, and David E. Fields, "Shell Worlds," *Acta Astronautica* 82, no.2(2013): 238 – 45.

10. "BRCA Gene Mutations: Cancer Risk and Genetic Testing Fact Sheet," National Cancer Institute, https://www.cancer.gov/about-cancer/causes-prevention/genetics/brca-fact-sheet (accessed December 20, 2020).

11. Dennis Normile, "Chinese Scientist Who Produced Genetically Altered Babies Sentenced to 3 Yearsin Jail," *Science* (December 30, 2019), https://www.sciencemag.org/news/2019/12/chinese-scientist-who-produced-genetically-altered-babies-sentenced-3-years-jail.

12. Margaret Sanger, "My Way to Peace," speech delivered January 17, 1932, http://www.nyu.edu/projects/sanger/webedition/app/documents/show.php?sangerDoc=129037.xml.

13. J. C. Tarter, A. Agrawal, R. Ackermann, et al., "SETI Turns 50: Five Decades of Progress in the Search for Extraterrestrial Intelligence," in *Instruments, Methods, and Missions for Astrobiology XIII: Proceedings of the SPIE*, ed. Richard B. Hoover, Gobert V. Levin, Alexei Y. Rozanov, and Paul C. W. Davies, Vol.7819(2010), pp.781902 – 13.

14. Les Johnson, "The Aliens Are Not among Us"(Baen Books Science Fiction & Fantasy, 2011), https://baen.com/aliens.

• Adams, Douglas. *The Hitchhiker's Guide to the Galaxy*. New York: Harmony Books, 1979.

• "Advantages of Fusion." ITER. https://www.iter.org/sci/ Fusion#:~:text=Abundant%20energy%3A%20Fusing%20atoms%20 together,reactions%20(at%20equal%20mass). Accessed October 28, 2020.

• Alcubierre, Miguel. "The Warp Drive: Hyper-fast Travel within General Relativity." *Classical and Quantum Gravity* 11, no.5 (n.d.). https://doi. org/10.1088/0264-9381/11/5/001.

• Arikawa, Yasunobu, Sadaoki Kojima, Alessio Morace, Shohei Sakata, Takayuki Gawa, Yuki Taguchi, Yuki Abe, et al. "Ultrahigh-contrast Kilojoule-class Petawatt LFEX Laser Using a Plasma Mirror." *Applied Optics* 55, no.25 (2016): 6850-57.

• Bae, Young K. "Prospective of Photon Propulsion for Interstellar Flight." *Physics Procedia* 38 (2012): 253-79.

• Benford, Gregory, and James Benford. "An Aero-Spacecraft for the Far Upper Atmosphere Supported by Microwaves." *Acta Astronautica* 56, no.5(2005): 529 – 35.

• ———. "Flight of Microwave-driven Sails: Experiments and Applications." In *AIP Conference Proceedings* 664, no.1(2003): 303 – 12.

• Benton, Michael J. *When Life Nearly Died: The Greatest Mass Extinction of All Time*. Thames & Hudson, 2003.

• Bertolotti, Mario. *The History of the Laser*. CRC Press, 2004.

• Bierly III, Paul E., and J-C. Spender. "Culture and High Reliability Organizations: The Case of the Nuclear Submarine." *Journal of Management* 21, no.4(1995): 639 – 56.

• Biesbroek, Robin, and Guy Janin. "Ways to the Moon." *ESA Bulletin* 103(2000): 92 – 99.

• Borst, Lyle Benjamin. "The Atomic Locomotive." *Life Magazine* 36, no.25(June 21, 1954): 78 – 79.

• Boxberger, A., A. Behnke, and G. Herdrich. "Current Advancesin Optimization of Operative Regimes of Steady State Applied Field MPD Thrusters." In *Proceedings of the 36th International Electric Propulsion Conference, Vienna, Austria*, pp.15 – 20, 2019.

• "BRCA Gene Mutations: Cancer Risk and Genetic Testing Fact Sheet." National Cancer Institute. https://www.cancer.gov/about-cancer/causes-prevention/genetics/brca-fact-sheet. Accessed December 20, 2020.

• "Breakthrough Initiatives." https://breakthroughinitiatives.org/. Accessed November 2, 2020.

• "A Brief History of Solar Sails." NASA website. July 31, 2008. https://science.nasa.gov/science-news/science-at-nasa/2008/31jul_solarsails#:~:text=Almost%20400%20years%20ago%2C%20German,fashioned%22%20to%20glide%20through%20space.

• Bryson, Steve, Michelle Kunimoto, Ravi K. Kopparapu, Jefrey L. Coughlin, William J. Borucki, David Koch, Victor Silva Aguirre, et al.

"The Occurrence of Rocky Habitable-Zone Planets around Solar-like Stars from Kepler Data." *The Astronomical Journal* 161, no.1 (2020): 36. https://doi.org/10.3847/1538-3881/abc418.

• Bushak, Lecia. "Induced Hypothermia: How Freezing People after Heart Attacks Could Save Lives." *Newsweek*. December 20, 2014. https://www.newsweek.com/2015/01/02/induced-hypothermia-how-freezing-people-after-heart-attacks-could-save-lives-293598.html.

• Capos, Claudia. "A New Drug Slows Aging in Mice. What about Us?" *Michigan Health Lab*, University of Michigan. January 17, 2020. https://labblog.uofmhealth.org/lab-report/a-new-drug-slows-aging-mice-what-about-us.

• Carillo, Petronia, Biagio Morrone, Giovanna Marta Fusco, Stefania De Pascale, and Youssef Rouphael. "Challenges for a Sustainable Food Production System on Board of the International Space Station: A Technical Review." *Agronomy* 10, no.5 (2020): 687. https://doi.org/10.3390/agronomy10050687.

• Colon, Raul. "Flying on Nuclear: The American Efort to Builta Nuclear Powered Bomber." August 6, 2007. http://www.aviation-history.com/articles/nuke-american.htm.

• Daukantas, Patricia. "Breakthrough Starshot." *Optics and Photonics News* 28, no. 5 (2017): 26–33.

• Dick, Phillip. "The Android and the Human." Speech delivered at the Vancouver Science Fiction Convention, University of British Columbia, December 1972.

• Dick, Steven J. "Discovering a New Realm of the Universe: Hubble, Galaxies, and Classification." *Space, Time, and Aliens* (2020): 611–25. https://doi.org/10.1007/978-3-030-41614-0_36.

• "Did You Know..." NASA website. June 7, 2013. https://www.nasa.gov/mission_pages/ibex/IBEXDidYouKnow.html.

• Dyson, George. *Project Orion: The Atomic Spaceship, 1957–1965*. Allen

Lane, 2002. "Exoplanet Exploration: Planets beyond Our Solar System." NASA website. December 17, 2015. https://exoplanets.nasa.gov/.

- Forward, Robert L. "Roundtrip Interstellar Travel Using Laser-pushed Lightsails." *Journal of Spacecraft and Rockets* 21, no.2(1984): 187–95.

- ———. "Starwisp—An Ultra-Light Interstellar Probe." *Journal of Spacecraft and Rockets* 22, no.3(1985): 345–50.

- Gagarin, Yuri. *Road to the Stars*. University Press of the Pacific, 2002.

- "Gallons Used per Person per Day." City of Philadelphia. https://www.phila.gov/water/educationoutreach/Documents/Homewateruse_IG5.pdf. Accessed November 20, 2020.

- Gladwell, Malcolm. *Blink: The Power of Thinking without Thinking*. Back Bay Books, 2007.

- Gosling, J. T., J. R. Asbridge, S. J. Bame, and W. C. Feldman. "Solar Wind Speed Variations: 1962–1974." *Journal of Geophysical Research* 81, no.28(1976): 5061–70.

- Graybiel, Ashton, Joseph H. McNinch, and Robert H. Holmes. "Observationson Small Primates in Space Flight." *Xth International Astronautical Congress London 1959–1960*, 394–401. https://doi.org/10.1007/978-3-662-39914-9_35.

- Gsponer, Andre. "Physics of High-Intensity High-energy Particle Beam Propagation in Open Air and Outer-space Plasmas." September 2004. https://arxiv.org/abs/physics/0409157.

- Habitable Exoplanets Catalog. Planetary Habitability Laboratory at UPR Arecibo. http://phl.upr.edu/projects/habitable-exoplanets-catalog. Accessed October 9, 2020.

- Hadfield, Chris. *An Astronaut's Guide to Life on Earth*. Pan Macmillan, 2013.

- Hamley, John A., Thomas J. Sutlif, Carl E. Sandifer, and June F. Zakrajsek. "NASA RPS Program Overview: A Focus on RPS

Users." (2016). https://ntrs.nasa.gov/citations/20160009220.

- Hein, Andreas M., Cameron Smith, Frédéric Marin, and Kai Staats. "World Ships: Feasibility and Rationale." *Acta Futura* 12 (April 2020): 75–104. https://arxiv.org/abs/2005.04100.

- Howell, Elizabeth. "To All the Rockets We Lost in 2020 and What We Learned from Them." Space.com. *Space* (December 29, 2020). https://www.space.com/rocket-launch-failures-of-2020.

- "Human Needs: Sustaining Life During Exploration." NASA website. https://www.nasa.gov/vision/earth/everydaylife/jamestown-needs-fs.html. Accessed No-vember 20, 2020.

- "Hyperdrive." StarWars.com. https://www.starwars.com/databank/hyperdrive#:~:text=Hyperdrives%20allow%20starships%20to%20travel,precisely%20calculated%20to%20avoid%20collisions. Accessed November 24, 2020.

- "Interstellar Probe: Humanity'sJourney to Interstellar Space." NASA/ Johns Hopkins Applied Physics Laboratory. http://interstellarprobe.jhuapl.edu/. Accessed October 17, 2020.

- Jakosky, B., and C. Edwards. "Inventory of CO2 Available for Terraforming Mars." *Nature Astronomy* 2 (2018): 634–39.

- Johnson, B., T. Bowling, A. J. Trowbridge, and A. M. Freed. "Formation of the Sputnik Planum Basin and the Thickness of Pluto's Subsurface Ocean." *Geophysical Research Letters* 43, no.19 (2016): 10,068–77.

- Johnson, Les. "The Aliens Are Not among Us." Baen Books Science Fiction & Fantasy, 2011. https://baen.com/aliens.

- ——, and Joseph E. Meany. *Graphene: The Superstrong, Superthin, and Superversatile Material That Will Revolutionize the World*. Prometheus Books, 2018.

- ——, Frank M. Curran, Richard W. Dissly, and Andrew F. Heaton. "The Solar Cruiser Mission—Demonstrating Large Solar Sails for Deep Space Missions." 70th International Astronautical Congress, Washington, DC,

2019.

- ———, Julie Castillo-Rogez, and Tifany Lockett. "Near Earth Asteroid Scout: Exploring Asteroid 1991 VG Using A Smallsat." 70th International Astronautical Congress, Washington, DC, 2019.

- ———, Mark Whorton, et al. "NanoSail-D: A Solar Sail Demonstration Mission." *Acta Astronautica* 68(2011): 571–75.

- ———, and Robert Hampson. *Stellaris: People of the Stars*. Baen Books, 2019.

- Jones-Bonbrest, Nancy. "Scaling Up: Army Advances 300kW-Class Laser Prototype." https://www.army.mil/article/233346/scaling_up_army_advances_300kw_class_laser_prototype. Accessed December 4, 2020.

- Kare, Jordin T., and Kevin L. G. Parkin. "A Comparison of Laser and Microwave Approaches to CW Beamed Energy Launch." In *AIP Conference Proceedings* 830, no.1(2006): 388–99.

- Kemper, Nicolas. "Building a Cathedral." *The Prepared*. April 28, 2019. https://theprepared.org/features/2019/4/28/building-a-cathedral.

- Kulkarni, Neeraj, Philip Lubin, and Qicheng Zhang. "Relativistic Spacecraft Propelled by Directed Energy." *The Astronomical Journal* 155, no.4(2018):155.

- Lasue, Jeremie, Nicolas Mangold, Ernst Hauber, Steve Cliford, William Feldman, Olivier Gasnault, Cyril Grima, Sylvestre Maurice, and Olivier Mousis. "Quantitative Assessments of the Martian Hydrosphere." *Space Science Reviews* 174, no.1–4(2013): 155–212.

- "Lung Volumes and Vital Capacity—Cardio-Respiratory System—Eduqas—GCSE Physical Education Revision—Eduqas—BBCBitesize." *BBC News*. https://www.bbc.co.uk/bitesize/guides/z3xq6fr/revision/2. Accessed November 20, 2020.

- Maccone, Claudio. "Galactic Internet Made Possible by Star Gravitational Lensing." *Acta Astronautica* 82, no.2(February 2013):

246 – 50. https://doi.org/10.1016/j.actaastro.2012.07.015.

- MacDonnell, J. A. M. *Cosmic Dust*. Chichester: Wiley, 1978.

- Maclay, G. J., and E. W. Davis. "Testing a Quantum Inequality with a Meta-analysis of Data for Squeezed Light." *Foundations of Physics* 49, 797 – 815 (2019). https://doi.org/10.1007/s10701-019-00286-8.

- Mansell, Justin, David A. Spencer, Barbara Plante, Alex Diaz, Michael Fernandez, John Bellardo, Bruce Betts, and Bill Nye. "Orbit and Attitude Performance of the Light Sail 2 Solar Sail Spacecraft." In *AIAA Scitech 2020 Forum* (2020): 2177.

- Massa, Mike. *Securing the Stars: The Security Implications of Human Culture during Interstellar Flight*. Edited by Les Johnson and Robert E. Hampson. Baen Books, 2019.

- Matloff, Gregory L. "Graphene, the Ultimate Interstellar Solar Sail Material." *Journal of the British Interplanetary Society* 65 (2012): 378 – 81.

- Mattingly, Brandon, Abinash Kar, Matthew Gorban, William Julius, Cooper K. Watson, M. D. Ali, Andrew Baas, et al. "Curvature Invariantsforthe Alcubierre and Natário Warp Drives." *Universe* 7, no.2 (2021): 21.

- McClure, Patrick R., David I. Poston, Marc A. Gibson, Lee S. Mason, and R. Chris Robinson. "Kilopower Project: The KRUSTY Fission Power Experiment and Potential Missions." *Nuclear Technology* 206, supp.1 (2020): 1 – 12.

- McNutt, Ralph L., Robert F. Wimmer-Schweingruber, Mike Gruntman, Stamatios M. Krimigis, Edmond C. Roelof, Pontus C. Brandt, Steven R. Vernon, et al. "Near-Term Interstellar Probe: First Step." *Acta Astronautica* 162 (2019): 284 – 99. https://doi.org/10.1016/j.actaastro.2019.06.013.

- Montgomery IV, Edward E. "Power Beamed Photon Sails: New Capabilities Resulting from Recent Maturation of Key Solar Sail and High Power Laser Technologies." In *AIP Conference Proceedings* 1230, no.1(2010): 3 −9.

• National Research Council; Division on Engineering and Physical
Sciences; Space Studies Board; Aeronautics and Space Engineering
Board; Committee on a Decadal Strategy for Solar and Space
Physics(Heliophysics). "Solar and Space Physics: A Science for
a Technological Society."A Science for a Technological Society
| The National Academies Press, August 15, 2012. https://doi.
org/10.17226/13060.

• Nieto, Michael Martin, Michael H. Holzscheiter, and Slava G. Turyshev.
"Controlled Antihydrogen Propulsion for NASA's Future in Very Deep
Space." 2004. https://arxiv.org/abs/astro-ph/0410511.

• Normile, Dennis. "Chinese Scientist Who Produced Genetically Altered
Babies Sentenced to 3Years in Jail." Science(December 30, 2019).
https://www.sciencemag.org/news/2019/12/chinese-scientist-who-
produced-genetically-altered-babies-sentenced-3-years-jail.

• O'Meara, Stephen James. *Deep-Sky Companions: The Messier Objects*.
Cambridge University Press, 2014.

• Ocampo, Robert P. "Limitations of Spacecraft Redundancy: A Case
Study Analysis." In *44th International Conference on Environmental
Systems*. 2014.

• Opher, M., F. Alouani Bibi, G. Toth, J. D. Richardson, V. V. Izmodenov,
and T. I. Gombosi. "A Strong, Highly-Tilted Interstellar Magnetic Field
near the Solar System." *Nature* 462, no.7276(2009): 1036 −38. https://
doi.org/10.1038/nature08567.

• Parkin, Kevin L. G. "The Breakthrough Starshot System Model." *Acta
Astronautica* 152(2018): 370 −84.

• Patrascu, Daniel. "Nuclear Powered Cars of a Future That Never Was."
Autoevolution(August 26, 2018). https://www.autoevolution.com/
news/nuclear-powered-cars-of-a-future-that-never-was-128147.
html.

- Petigura, E. A., A. W. Howard, and G. W. Marcy. "Prevalence of Earth-Size Planets Orbiting Sun-like Stars." *Proceedings of the National Academy of Sciences* 110, no.48(2013): 19273–78. https://doi.org/10.1073/pnas.1319909110.

- "The Pioneer Missions." NASA website. March 3, 2015. https://www.nasa.gov/centers/ames/missions/archive/pioneer.html.

- Pyle, Rod. "Farthest Galaxy Detected." California Institute of Technology. September 3, 2015. https://www.caltech.edu/about/news/farthest-galaxy-detected-47761.

- Roy, Kenneth I., Robert G. Kennedy III, and David E. Fields. "Shell Worlds." *Acta Astronautica* 82, no.2(2013): 238–45.

- Sanger, Margaret. "My Way to Peace." Speech delivered January 17, 1932. http://www.nyu.edu/projects/sanger/webedition/app/documents/show.php?sangerDoc=129037.xml.

- Scott, Jonathan. *The Vinyl Frontier: The Story of NASA's Interstellar Mixtape*. United Kingdom: Bloomsbury Publishing, 2019.

- "The Space Shuttle and Its Operations." NASA website. https://www.nasa.gov/centers/johnson/pdf/584722main_Wings-ch3a-pgs53-73.pdf. Accessed December 30, 2021.

- Spiga, Aymeric, Sebastien Lebonnois, Thierry Fouchet, Ehouarn Millour, Sandrine Guerlet, Simon Cabanes, Alexandre Boissinot, Thomas Dubos, and Jérémy Leconte. "Global Climate Modeling of Saturn's Troposphere and Stratosphere, with Applications to Jupiter." July 2018. 42nd COSPAR Scientific Assembly. Held July 14–22, 2018, in Pasadena, California, USA, Abstract id. B5.2-33-18; 2018cosp...42E3216S.

- Spitzer, Lyman. "The Beginnings and Future of Space Astronomy." *American Scientist* 50, no.3(1962): 473–84.

- Stocks, J., and P. H. Quanjer. "Reference Values for Residual Volume, Functional Residual Capacity and Total Lung Capacity: ATS Workshop

on Lung Volume Measurements; Official Statement of The European
Respiratory Society." *European Respiratory Journal* 8, no.3(1995):
492–506.

• Tsuda, Yuichi, Osamu Mori, Ryu Funase, Hirotaka Sawada, Takayuki
Yamamoto, Takanao Saiki, Tatsuya Endo, Katsuhide Yonekura,
Hirokazu Hoshino, and Jun'ichiro Kawaguchi. "Achievement of
IKAROS—Japanese Deep Space Solar Sail Demonstration Mission."
Acta Astronautica 82, no.2(2013): 183–88.

• Turyshev, Slava G., Michael Shao, Viktor T. Toth, Louis D.
Friedman, Leon Alkalai, Dmitri Mawet, Janice Shen, et al. "Direct
MultipixelImaging and Spectroscopy of an Exoplanet with a Solar
Gravity Lens Mission." Cornell University. 2020. https://arxiv.org/
abs/2002.11871.

• Viser, Matt. "FOLLOW-UP: What Is the 'Zero-point Energy'(or
'Vacuum Energy') in Quantum Physics? Is It Really Possible that We
Could Harness This Energy?" *Scientific American Online*(August 18,
1997). https://www.scientificamerican.com/article/follow-up-what-
is-the-zer/. Accessed November 25, 2020.

• "Voyager." NASA / Jet Propulsion Laboratory, California Institute of
Technology. https://voyager.jpl.nasa.gov/. Accessed March 20, 2020.

• Wall, Mike. "The Most Extreme Human Spaceflight Records."
Space(April 23, 2019). https://www.space.com/11337-human-
spaceflight-records-50th-anniversary.html.

• "Water Use in Europe—Quantity and Quality Face Big Challenges."
European Environment Agency. August 30, 2018. https://www.eea.
europa.eu/signals/signals-2018 -content-list/articles/water-use-
in-europe-2014#:~:text=On%20average%2C%20144%20litres%20
of,supplied%20to%20households%20in%20Europe.

• "Whatever Happened to Photon Rockets?" *Astronotes*. December 5,
2013. https://armaghplanet.com/whatever-happened-to-photon-

rockets.html.

- Wells, Herbert George. *The Discovery of the Future*. London: T. Fisher Unwin, 1902.

- Wickramatunga, Robert. "United Nations Office for Outer Space Afairs." The Outer Space Treaty. https://www.unoosa.org/oosa/en/ourwork/spacelaw/treaties/introouterspacetreaty.html. Accessed December 4, 2020.

- Wiegmann, Bruce M. "The Heliopause Electrostatic Rapid Transit System (HERTS)-Design, Trades, and Analyses Performed in a Two Year NASA Investigation of Electric Sail Propulsion Systems." In *53rd AIAA/SAE/ASEE Joint Propulsion Conference*, p.4712. 2017.

- Williams, David R. "Explorer 9." NASA Space Science Data Coordinated Archive. https://nssdc.gsfc.nasa.gov/nmc/spacecraft/display.action?id=1959-004A. Accessed December 4, 2020.

- Wolszczan, A., and D. Frail. "A Planetary System around the Millisecond Pulsar PSR1257+12." *Nature* 355 (1992): 145 – 47. https://doi.org/10.1038/355145a0.

- Wordsworth, R., L. Kerber, and C. Cockell. "Enabling Martian Habitability with Silica Aerogel via the Solid-state Greenhouse Efect." *Nature Astronomy* 3 (2019): 898 – 903. https://doi.org/10.1038/s41550-019-0813-0.

- Zitrin, Adi, Ivo Labbé, Sirio Belli, Rychard Bouwens, Richard S. Ellis, Guido Roberts-Borsani, Daniel P. Stark, Pascal A. Oesch, and Renske Smit. "Lyα Emission from a Luminous z=8.68 Galaxy: Implications for Galaxies as Tracers of Cosmic Reionization." *The Astrophysical Journal Letters* 810, no.1 (2015): L12 (September 3, 2015).

✴

ㄱ

✳

✳

옮긴이 **이강환**

천문학자이자 저술가. 서울대학교 천문학과를 졸업한 뒤 같은 학교 대학원에서 박사학위를 받았고, 영국 켄트 대학교에서 로열 소사이어티 펠로우로 연구를 수행했다. 국립과천과학관 천문우주전시팀장, 서대문자연사박물관 관장을 역임했다. 지은 책으로 《빅뱅의 메아리: 우주가 빛에 새긴 모든 흔적 우주배경복사》, 《우주의 끝을 찾아서》, 《응답하라 외계생명체》가 있고, 옮긴 책으로 《신기한 스쿨버스》 시리즈, 《우리는 모두 외계인이다》, 《더 위험한 과학책》, 《기발한 천체물리》, 《아시모프의 코스모스》, 《빅뱅의 질문들》, 《타다, 아폴로 11호》 등이 있으며 다수의 천문학 책을 감수했다. 현재 서울대학교 물리천문학과 겸임교수.

별을 향해 떠나는 여행자를 위한 안내서

초판 1쇄 인쇄 2024년 1월 22일
초판 1쇄 발행 2024년 2월 8일

지은이 | 레스 존슨
옮긴이 | 이강환
발행인 | 강봉자, 김은경

펴낸곳 | (주)문학수첩
주소 | 경기도 파주시 회동길 503-1(문발동633-4) 출판문화단지
전화 | 031-955-9088(대표번호), 9532(편집부)
팩스 | 031-955-9066
등록 | 1991년 11월 27일 제16-482호

홈페이지 | www.moonhak.co.kr
블로그 | blog.naver.com/moonhak91
이메일 | moonhak@moonhak.co.kr

ISBN 979-11-92776-97-2 03440

* 파본은 구매처에서 바꾸어 드립니다.